經濟午餐 2.0

李尚仁 博士
何民傑 博士

合著

作者自序．一

　　平日駕車時有聽電台節目的習慣，除可透過收音機了解本地及世界大小事情外，一首又一首悠揚輕快的歌曲，也讓繁忙的工作中，身心得以放鬆。沒料到有一天，自己也有機會跑入電台，開咪當上節目主持。

　　2023 年 2 月初，獲新城電台節目監制及主持何民傑 Raymond 邀請，一起主持新城電台其中一個王牌訪談節目《經濟午餐》。喜歡與不同界別人士交流的我，當然沒有拒絕的理由，決定接受這挑戰。尤記得沒有電台主持經驗的我，初踏直播室時戰戰兢兢，幸得拍檔 Raymond 的提點及從旁協助，總算不負所托，順利完成 41 集訪談節目錄製，亦圓了一當電台節目主持的心願。

　　在節目中，我們團隊邀請了不同的經濟學者、商界翹楚、政界精英、年輕創業者，以及各院校的傑出學生作嘉賓，以深入淺出方式，剖析本港及全球最新經濟及時事熱話，同時也分享創業成功之道、各行各業的秘聞等等，自己獲益良多之外，相信廣大聽眾從中學到不少知識。

　　電台節目播放有特定時間，即使捧場客也可能會錯過，經和 Raymond 商量後，決定將《經濟午餐》的精彩節目內容輯錄成書，讓聽眾可以重溫，錯過了的仍可以透過文字細味當中內容，品嘗這個知識盛宴。

　　《經濟午餐 2.0》能順利完成，也在此感激我們的編輯團隊協助文字整理，同時也感謝所有受訪的新知舊雨百忙之中抽空出席節目，祝願各位百尺竿頭，更進一步。

李尚仁博士

作者自序．二

　　1970 年代開播的電視劇集《獅子山下》，講述居住在獅子山下的草根家庭的生活，他們刻苦拚搏，努力奮鬥。而引伸而來的「獅子山精神」便象徵香港市民不屈不撓、自強不息、同舟共濟的精神。

　　就如上世紀五六十年代，香港尚未回歸，港英當局缺少福利政策和扶助措施，很多事情都要靠香港華人自行處理，港人敢於拚搏、屢敗屢戰、打不死壓不垮的「獅子山精神」，創造出一個又一個的經濟奇蹟。

　　回歸之後，香港社會福利逐步改善，香港引以為傲的「獅子山精神」仿似逐漸消失，認爲社會大小問題均應由政府解決。故此，筆者特於新城電台籌備《經濟午餐》節目，冀借訪問商界翹楚、政界精英、年輕創業者、各界別學者，除剖析本港經濟熱話外，亦借助他們的逆境自強，憑雙手打拼自己事業的故事，勉勵香港年輕一代重拾「獅子山精神」。

　　《經濟午餐》於 2021 年啟播，至今將近四年，過往拍檔的主持除了李尚仁博士之外，還有紀惠集團副主席及行政總裁湯文亮博士、資深傳媒人郭詠琴、洪綺敏、財務策劃師黎家良，以及青年學人李倩婷。每位主持都成功能為節目增添新元素，令內容更精彩，在此先答謝各主持拍檔。

　　2022 年初獲湯文亮博士的支持，將節目的精華內容，輯錄成《經濟午餐》一書，得到不俗的回響，故在 2024 年初再與李尚仁博士合作，出版《經濟午餐 2.0》，以讓讀者透過文字，慢慢咀嚼體會當中內容，細味各被訪嘉賓展現的獅子山精神。

　　本港疫後經濟復甦不如預期，筆者深信，港人只要重拾昔日的「獅子山精神」，香港這顆東方之珠，必定可以更光更亮。

何民傑博士

目　　錄

第一篇

管理數百人保險團隊之道

在新城電台節目《經濟午餐》上，李尚仁博士接受何民傑博士訪問，分享其成長經歷、創業過程、管理數百人保險團隊經驗，以及香港明德會的慈善工作。

富衛集團首席行政區域總監
李尚仁博士

李尚仁

李尚仁博士獲彭博商業周刊 / 中文版 選為 Insurance Sector District Achievement of the year (Outstanding)。

　　李尚仁博士 1989 年從內地來到香港，當時年紀尚小，家庭條件亦未如理想。由於兩地的教育制度不同，他說，短時間內適應香港的教育制度並不容易，加上家人不善交流，導致他自小缺乏信心。小時候的經歷令他明白教育子女需要有愛，故此現在他每天都會抽出時間，向子女表達愛意和稱讚。李博士在小學階段努力學習，及後升上名校，但因意外未能進入第一志願的理科，而轉讀文科。及後亦因分數未達標而輾轉入讀理工大學副學士，繼續學習。

　　就讀副學士期間，李尚仁尋找到自己的興趣與學習的快樂，成績大放異彩，故此順利升讀理工大學，並在畢業後，於北京師範大學完成哲學博士學位。

李尚仁現時管理約 500 人的保險團隊。

分享管理團隊哲學

在創業初期，他選擇了經營食肆，以二十多萬資金成立自己第一間店鋪，雖然生意以失敗告終，但他亦在失敗中有所體會，並建議年輕人如果想創業的話最重要把握貨源和客源，如果在起步初期，資源缺乏的狀態下，不妨善用網上資源，並將創業模式改為線上經營，用以減低成本。

後來因為機緣巧合下接觸到保險行業，他坦言一開始的管理過程並不容易，第一年招募的下線一一離職，令他不禁懷疑和檢討自身管理問題。幾經調整，團隊亦越趨接上軌道、日漸成熟，現時規模更突破 500 人。

在管理方面，李博士深明培訓人才的重要性，除了將自身經驗傳授於下屬外，亦保留人才，守護團隊重要資產。在管理過程中，他坦言，曾被投訴偏心某員工，他初時大惑不解，一直都對每位員工都一視同仁，及後想通，並主動向提出疑問的員工反問「每個人都有父母，你較喜歡爸爸，還是媽媽？我會坦白說，喜歡媽媽，因人心肉做，媽媽更痛錫我，我自然亦更喜歡媽媽，同事關係亦然，這又能否說是偏心呢？」他表示，坦白說出自己感受後，問題亦逐漸減少出現。

李尚仁博士獲選為粵港大灣區傑出青年企業家。

由李尚仁博士創辦的香港明德會，每年均會舉辦「2023 香港傑出大學生選舉」，以嘉許得獎學生的傑出表現。

創明德會回饋社會

　　另外，李博士建立香港明德會，為慈善出一分力，機構宗旨是希望幫助不同的年青人就業或給予不同的機遇，例如會舉辦慈善探訪、傑出大學生選舉等等，指望透過活動有助連結社區，發掘青年潛能，凝聚更強大的力量回饋社會。

李尚仁博士於 2021 年榮獲由香港保險業聯會主辦的香港保險業大獎 Outstanding Agent of the Year。

小檔案：

　　李尚仁博士為香港明德會常務會長及主席，富衛香港史上最年輕的首席行政區域總監，先後畢業於香港理工大學會計系，北京師範大學哲學學院管理哲學學院。2021 年榮獲由香港保險業聯會主辦的香港保險業大獎 Outstanding Agent of the Year。

第二篇

逆行創業打造本土品牌

　　最新一集新城電台節目《經濟午餐》日前播出，節目主持李尚仁博士和何民傑博士邀請萬希泉鐘錶有限公司創辦人兼行政總裁沈慧林為嘉賓，大談成立陀飛輪鐘錶品牌的創業經歷、社會公職及慈善服務。

萬希泉鐘錶有限公司創辦人
沈慧林

沈慧林

沈慧林（中）與主持分享創業經過。

沈慧林冀將「萬希泉」打造成民俗品牌，借助工藝說好香港故事、中國故事。

　　沈慧林早年於美國著名的常春藤盟校成員之一的康奈爾大學，修讀應用及經濟管理碩士學位，2009 年一級榮譽畢業後回流返港，考取了金融風險管理牌照，因當年經濟環境不太理想，加上成長於中華文化背景深厚的家庭，自小便喜歡工匠及傳統文化，並對手工藝有很大的興趣，便毅然決定放棄高薪厚職，向父母提出創業的念頭。

　　沈慧林經常接觸有關鐘錶設計，並對製造過程產生興趣，碩士畢業論文亦以鐘錶廠工人生產力為主題。正正因為沈慧林一直對於鐘錶行業的濃厚興趣，於是便開始創立陀飛輪鐘錶品牌「萬希泉」。沈慧林表示，當時曾苦惱過品牌定位，認為抄襲外國主流鐘錶的形象和包裝並無意思。結果他從父親收藏的古董音樂盒及中式木雕得到啟發，嘗試將木雕的藝術元素放在陀飛輪之上，與國際大品牌區間，以吸引收藏家入手。沈慧林冀將「萬希泉」打造成民俗品牌，借助工藝說好香港故事、說好中國故事。

借工藝說好香港故事

　　在發展初期，沈慧林亦曾遇過困難，他到訪百多間錶鋪，大部分卻因為本土以及初創品牌，將其拒之門外，但他表示這都是寶貴的經驗，因為有了這些經歷才有後來品牌的發展。

　　後來沈慧林遇上人生中的伯樂，太子珠寶鐘錶主席及行政總裁鄧鉅明先生，他對「萬希泉」在鐘錶界的地位有莫大的幫助。他透過朋友關係而認識鄧先生，坦言雙方經過多次洽談生意也未能成事合作，因太子珠寶鐘錶主要售賣過百萬的頂級名錶，兩者同時出售擔心製造市場混亂，但事情卻峰迴路轉。「有一天我在海港城擺展覽，鄧鉅明先生竟親自到現場找我，指希望了解我們陀飛輪腕錶的質素，之後還親自到我們廠房視察，最後大家促成合作，再加上當時自由行大行其道，中價陀飛輪腕錶漸被市場接受，萬希泉也逐漸站穩本地市場」。

熱心推動年輕人服務

　　萬希泉的第二站是日本市場，沈慧林表示，日本人喜歡精緻的手工藝及高性價比的產品，萬希泉正好符合他們的口味，再加上合作的連鎖店以不同方式展銷，很快便可站穩陣腳，目前日本市場佔公司的生意額約六、七成。此外，沈慧林亦熱心公益，除了將一些合作腕表所得的部份收益撥捐至慈善機構，日常生活中亦積極參與義工活動，因為他希望如同創立品牌的宗旨一樣，希望為其他人帶來正能量及快樂，他較早前出任九龍塘扶輪社社長，積極籌劃及推動青年服務。

沈慧林為壁畫上彩。

文化體育及旅遊局局長楊潤雄向黃大仙青少年兒童發展基金召集人沈慧林頒贈委任狀。

小檔案：

　　沈慧林畢業於美國畢業於康奈爾大學的應用經濟及管理碩士後回流返港，2011年創辦香港著名鐘錶陀飛輪品牌「萬希泉」，由設計到生產都一手包辦，更聯同英國足球名宿米高奧雲（Michael Owen）、NBA球星拉梅羅·鮑爾（LaMelo Ball）及香港影視界城中名人，推出多款著名腕錶，業務更遍佈全球。

　　沈慧林同時擔任香港選舉委員會選委、全國工商聯青年企業家委員會港澳委員、浙江省人民政治協商會議第十三屆港澳委員、香港中華總商會常務會董，以及政協青年聯會常務副主席等公職。

第三篇

學童自殺問題不能忽視

　　新城電台節目《經濟午餐》中，節目主持李尚仁博士及何民傑博士請來前教育局局長吳克儉與聽眾探討學童自殺及生命教育的議題。

前教育局局長
吳克儉

吳克儉

吳克儉分享對本港教育的看法。

吳克儉關注大專院校的發展。

　　節目開始，吳克儉談及學童輕生問題。今年三月複課後，學童自殺問題十分嚴重，有超過三百宗企圖自殺輕生個案，當中有超過三十人身亡，有六宗更在學校發生。吳克儉憶述，在二零一五至一六年間學生輕生個案上升，當時實施一連串政策去舒緩此現象，例如成立委員會及增強家校合作等全面措施。最後，學生輕生個案有減少趨勢。

吳克儉關注學童成長。

吳克儉積極推廣生命教育。

　　吳克儉表示，無論是中學生或是小學生，萌生輕生的念頭其實並不容易，但正因為處於不同發展階段，不同因素都有可能導致萌生此念頭。因此，他認為可以從三方面措施著手處理，「首先，我們需要了解過往經驗。其後，我們要通過以往的經驗吸取教訓，嘗試改善問題，避免慘劇持續發生。最後，報章所報導的個案只是冰山一角，我們可以用大資料去作全面的分析，有利我們掌握更多的資料。」

應從過往經驗吸取教訓

　　李尚仁博士亦指出，在疫情時期，正好提供環境讓小朋友有空餘時間訓練自我的獨立性，增加抗壓力。

　　政府最新一份施政報告提到要繼續搶人才，現時設立辦事處招攬各國人才來港在不同範疇發展。吳克儉指，有百分之八至十二的中學生在完成公開試後會到外國讀書，他十分鼓勵學生到外國接觸，開拓自己的視野，然後回港發展。另外，到內地升學亦是其中一種放闊眼光的途徑，現時內地大學亦提供不同範疇的學科給學生學習，例如陶瓷及石油等。

籲年輕人放闊眼光

　　吳克儉分享對本港教育的看法，他了解到香港在教育上的發展很成功，本港有五所大學列入最頂尖大學之列。另外，他認為香港在設計方面富有獨特性，例如，在疫情期間有港人發明口服疫苗。他又分享，預料到二零三五年，目前工種之中有四成的職業已經消失，餘下的五成是現時尚未出現的工種。因此，他鼓勵年輕人應該要放闊眼光、堅持聚焦。有許多年輕人踏上創業之路，吳克儉建議他們要適時改變、建立信心及堅持下去。

小檔案

　　吳克儉，1976 年畢業於香港中文大學，獲社會科學學士，1981 年獲香港大學公共行政碩士。曾任香港考試及評核局主席，香港浸會大學工商管理學院客席教授，上海大學工商管理碩士學院名譽教授，前任香港教育學院校董會副主席等。2012年 6 月，被國務院任命為香港教育局局長，至 2017 年 6 月 30 日離任。2017 年 6 月獲得香港回歸以來第二十份授勳名單頒發的金紫荊星章。

第四篇

香港慈善事業的多元

在新一集新城電台節目《經濟午餐》上，主持人李尚仁博士和何民傑博士請來香港社會服務聯會主席陳智思先生，討論香港慈善事業現狀和未來發展方向。

香港社會服務聯會主席
陳智思

陳智思

陳智思（中）分享香港慈善事業現狀和未來發展方向。

陳智思曾在香港擔任多項公共職務，故在港有「公職王」之稱。

　　9月上旬，來自世界各地的知名慈善家和業界領袖雲集香港，出席賽馬會舉辦的 2023 香港國際慈善論壇，陳智思先生也參與籌備，推動香港慈善發展。此慈善論壇自 2016 年開始舉辦，至今亦迎來第三屆，為海外、內地、本地的慈善機構和不同人仕，提供交流平台。陳智思認為，慈善事業不單單是「捐錢」，還需考慮如何為社會帶來效益和貢獻。

陳智思出席精神健康研討會。

慈善事業不僅是「捐錢」

　　透過此次論壇，馬會也正式宣佈將籌備成立慈善研究院，將不同議題專業化。他解釋，現在流行的話題 ESG 中，E 所代表的環境議題是最被重視的，而 S 所代表的社會議題則相對被忽略，並且缺乏一定的量化標準，因此馬會將成立的慈善研究院也會在此議題中建立一套量化標準，協助推動社會議題的討論和問題的解決。

　　疫情後，經濟環境受到影響，慈善事業也因此面臨挑戰，加上社工流失，缺乏社會服務人才。社會工作者對本地社會文化及專業培訓的依賴程度高，通過輸入外勞的方式未必能針對性舒緩困境，因此科技的發展至關重要。在前往日本交流的過程中，陳智思發現日本對「樂齡科技」的重視程度非常高，值得同為受老齡化問題困擾的香港借鑒。

陳智思發現日本對「樂齡科技」的重視程度非常高，值得同樣老齡化程度高的香港借鑒。

對母校走進歷史感遺憾

　　辦校已 64 年的灣仔半山玫瑰崗學校即將走進歷史，身為校友的陳智思也對此感到遺憾。許多教職員、學生家長和校友都難以接受該決定，但陳智思認為，出生率低的大環境下，此結果亦難以避免。另外，辦校團體的理念經過時光流轉，無論是繼續堅持還是隨時代更新，都需要資源支援，因此只能予以理解，但需要好好處理在讀學生的過渡情況問題。

小檔案

　　陳智思，香港政治人物和商人，祖籍廣東潮陽，成長於香港，泰國華僑陳有慶的次子，現為亞洲金融集團董事會主席兼總裁和亞洲保險有限公司董事會主席，現任西九文化區管理局副主席及香港賽馬會董事。陳智思於 2008 年 1 月當選為第十一屆港區全國人大代表，之後亦當選第十二屆和第十三屆。陳曾在香港擔任多項公共職務，故在港有「公職王」之稱。

第五篇

分享香港優勢所在

在新城電台節目《經濟午餐》中，節目主持李尚仁博士和何民傑博士請來紀惠集團副主席及行政總裁湯文亮博士，一起深入淺出分析最近的環球經濟。

主持人李尚仁博士、何民傑與湯文亮博士談論了美國矽谷銀行的倒閉事件。對於矽谷銀行結業的原因，湯文亮博士認為理論上不應該倒閉，但矽谷銀行卻因錯行一步，過份將資金

紀惠集團副主席及行政總裁
湯文亮博士

湯文亮

湯文亮(中)與主持分享對環球經濟的看法。

湯博士經常在網上及報章發表文章。

湯文亮出版多本投資書籍，甚受讀者歡迎。

湯文亮經常分享其投資心得。

投入購買低息債券，導致現金儲備不夠。李尚仁博士補充，矽谷銀行成立以來，從未預料到會經歷突如其來的八次的加息，而這也是導致歷史上第二大型銀行倒閉事件的關鍵之處。李博士表示，矽谷銀行的倒閉，會影響人們對中小型銀行的信心。

憂瑞士銀行失去獨特性

對於瑞士總統宣佈沒收俄羅斯人存放瑞士超過 3000 億美元的資產一事中，湯文亮博士認為，瑞士這放棄了堅守 207 年中立的行為會損失很多生意。他解釋，西方國家一貫以私人財產神聖不可侵犯為金科玉律，而瑞士的做法將會影響人們對瑞士銀行的信任，瑞士銀行也會相應地失去在世界上的獨特性。

香港特首李家超在其首份《施政報告》中設定目標，在 2025 年年底前，要吸引不少於 200 個家族辦公室。被問及目標是否能輕易達成時，湯文亮博士認為其實已經有不少內地家族早已在香港設立了辦公室，但並沒有大張旗鼓。根據湯博士的了解，有約兩萬名私人司機替外來家族開車，從而推斷，應該有大約兩萬個家族早已在香港設立辦公室。

資產管理講求穩定

節目最後，湯博士給予香港的小市民，有關如何應付自己的資產管理，及發揮資產效應的小秘訣。湯博士分享道，現在資產管理的關鍵是保存財產，講求穩定，香港是一個理想置業投資地方，資金可以自由流動，稅率亦較新加坡等國家低，另外，市況有紫氣東來的現象，在國內，特別是大灣區投資往往有不俗的回報。李尚仁博士表示，根據多年財富管理者的經驗，認為香港安全穩定及低息，是一個值得投資者在此分配資產的地方，包括物業、現金、股票等。同時，李尚仁博士提出，因為保險公司在香港得到了良好的監管，所以事實上保險公司比銀行更為穩定可靠，而這正是常常被普羅大眾所忽略的一點。

湯博士在樓房投資有獨特意見。

小檔案

　　湯文亮在澳門出生並長大，1969年中學畢業後來港入讀浸會書院，一年後遠赴加拿大求學，1976年回港，與胞姊廖湯慧靄女士及胞弟湯子亮先生合組公司，後來演變成「紀惠集團」，2021年登上了福布斯榜（香港區），排行第28。湯博士經常在網上及報章發表文章，網上點擊率超過100億人次，湯博士已經寫了11本著作，包括紅極一時「細價樓爆煲論」。2016年，香港浸會大學頒發了「榮譽大學院士」給湯博士，以彰顯其傑出的企業家精神及領袖才能。

第六篇

拆解香港發展創科優勢

　　節目主持李尚仁博士和何民傑博士於電台節目《經濟午餐》請來前香港創新及科技局局長、現任香港工程師學會秘書長薛永恒，分享香港創新科技發展現狀及未來趨勢。

前香港創新及科技局局長
薛永恒

薛永恒

薛永恒分享香港創新科技發展現狀。

薛永恒曾出任創新及科技局局長。

　　薛永恒談及香港發展創科的優勢，堅定認為這離不開一國兩制的支持。香港不僅是極具國際化的特區，能與世界頻繁連繫，又是中國的一部分，可以借助國家整體發展的優勢。同時，香港的大學在科研方面亦大有成果。他舉例說，香港浸會大學先後為「神舟十號」至「神舟十三號」航天員設計出三代「中國神舟太空飛船護航椅」，作為航天員完成航天任務返回地球時的專用移送椅，幫助他們重新適應地球重力。

薛永恒代表香港工程師學會到內地交流。

港大學科研具優勢

　　不可避免的是，在香港發展創科也面臨著相應的土地與人力資源匱乏的挑戰。因此，與大灣區其他城市合作，發展地區優勢事關重要。薛永恒舉例說，正發展的新田科技城，與深圳只是一河之隔，可借地理的優勢，加強與深圳合作，從香港基礎科研的產品，與深圳的企業合作，更有力帶進市場，成為新的經濟動力。 主持人李尚仁博士表示認同，同時認為只有在地區間形成完整的產業鏈，才能產生協同效應，更好帶動創科發展。

薛永恒了解最新的科技發展。

　　薛永恒分享，香港工程師學會作為全港第二大的專業團體，擁有超過三萬位會員，專業會員超過一萬人。協會名下早前已經包括 21 類不同專業的相關人才，如土木、電機、機械等，此次更加入了核子工程專業，這也反映了香港不斷與時俱進。香港的工程師在電子工程和土木工程方面極具優勢，研發質素水準高，因此，薛永恒認為，香港年青人進入工程師行業，尤如進入一個世界級的團隊，在未來有極大發展機會。

薛永恒任局長時，很重視機械人科技發展。

冀引進外國人才

在搶人才方面，薛永恒分享接下來他將前往英國、迪拜，與當地的香港移民或本地工程師團體交流，希望人才回流或引進外國人才。往後也將聯同政府，前往內地不同城市的大學作分享會，介紹香港創科發展機遇，吸引內地人才來香港從事相關行業。

薛永恒希望香港的創科繼續發光發熱，成為香港新的經濟動力，擴大香港年青人的就業機會。

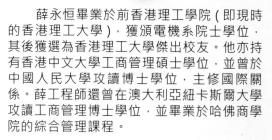

小檔案

薛永恒畢業於前香港理工學院（即現時的香港理工大學），獲頒電機系院士學位，其後獲選為香港理工大學傑出校友。他亦持有香港中文大學工商管理碩士學位，並曾於中國人民大學攻讀博士學位，主修國際關係。薛工程師還曾在澳大利亞紐卡斯爾大學攻讀工商管理博士學位，並畢業於哈佛商學院的綜合管理課程。

薛工程師於 1984 年加入政府任職助理機電工程師，在 2017 年至 2020 年擔任機電工程署署長，其後出任創新及科技局局長至 2022 年。他獲香港特區政府頒授金紫荊星章，以表揚他對社會的傑出貢獻。

第七篇

河源推活水公園計劃 改善村民生活

　　節目主持李尚仁博士和何民傑博士在新城電台節目《經濟午餐》請來香港社建協會會長黃敬博士大談如何令建造專業人士在社區服務，以及河源的「活水公園計畫」，如何改善水質及當地村民生活。

香港社建協會會長
黃敬

黃敬

黃敬博士（中）在節目中分享社區工作。

黃敬走入社區，與街坊接觸。

黃敬一直推動建造專業人士在社區服務。

黃敬博士於 20 年前創立了香港管線專業學會，以集合相關工程人士，推動行業發展。其後再聯同工程界志同道合的夥伴，創辦香港社建協會，宗旨是建造專業人士在社區，希望利用自己的專業，在地區進行服務，故此協會由創立時只有一間中心，到現時在深水埗、荔枝角、屯門、東區、元朗、沙田、將軍澳、馬鞍山等不同地方均設有服務點，服務居民。

建造專業人士在社區

　　黃敬博士憶述，十年前長沙灣兼善里一個舊樓單位，因為電線老舊發生火災，令全幢樓宇沒有電力供應，對居民構成極大不便，社建協會即時組織義工，協助維修及更換大廈供電設施，令大廈在24小時內，成功恢復供電。

黃敬致力推動河源活水公園計劃。

　　除社區服務外，協會另一主要工作便是推動環保，著力減少都市固體廢物。黃敬博士表示，香港一日生產約一萬噸廢物，其中三分之一是廚餘，若能有效將部分廚餘轉廢為能，這將對本港環境改善有莫大幫助。故此，社建協會去年底進行了一個大型的「全港廚餘比賽」，邀請參加者撰寫廚餘回收的計畫書，勝出者有機會獲得25萬港元的環保項目起動基金，「我們會嘗試找投資者，並進行配對，將計畫書變成可實際推行的項目，從而解決廚餘問題，更重要是轉廢為能。」

解決廚餘 轉廢為能

　　除香港外，黃敬博士亦非常關心家鄉河源的環保事業，更計畫推動萬綠湖「活水公園計畫」，改善水質。黃敬博士指出，位於河源的萬綠湖是香港、以至河源、惠洲、東莞等地區的重要飲用水源，為約五千萬人口供水，然而有部分偏遠鄉村，家居污水未經處理便排放入湖內。故此，香港社建協會希望透過「活水公園計畫」，在萬綠湖週邊尋找一百個鄉村，在每條鄉村興建三級污水處理設施，將收到每條村的家居污水，用植物淨化清潔，再排入萬綠湖內，令湖水水質維持一級以上的水準，「這計畫對村民有兩個好處，首先是為鄉村增設了一個簡單的排污處理系統，第二則是增加了一個濕地公園，令鄉

村環境大為改善。我們亦會有一系列的鄉村振興計畫，例如興建民宿，協助將當地鄉村特產例如蜂蜜、水果、豆腐等特產推出市場。」家鄉同樣來自河源的主持李尚仁博士亦指出，當地特產鷹嘴桃相當脆甜，值得向外界多作推廣。

黃敬博士表示，整個專案造價預計達一億元，協會現正忙於籌募經費，並招募數百位義工推行計畫，冀專案能在五至十年內完成。

小檔案

黃敬博士為管綫專業監察師(RPUS)、社建中心會長以及國際管綫專業學會執行會長。黃博士擁有超過二十五年的工程專業經驗，專長於管綫測量，資料分析及管理平臺、建築資訊模型 (基建)(BIM)、城市規劃及教育培訓等。他於 2000 年起籌備創辦香港管綫專業學會，2013 年籌辦國際管綫專業學會，為行業的專業化、國際化邁向一個新里程。黃博士成功將香港管綫測量技術輸出境外，成為國際的行業模範，吸引各方前來學習。

第八篇

讓機械人為社會帶來便利

　　在《經濟午餐》節目上，主持李尚仁博士和何民傑博士請來博歌科技行政總裁林朗熙，分享如何發展機械人業務。

　　林朗熙出身自機械人世家，家族創立的東興自動化，已代理國際品牌的工業機械臂數十年，當中包括三菱電機自動化。林朗熙坦言，在美國完成學業後，認為機械臂除了工業生產，還可以應用在日常生活當中，如醫院、老人院、酒店等地

博歌科技行政總裁
林朗熙

林朗熙

林朗熙（中）分享如何發展機械人業務。

林朗熙推廣機械人的應用。

方，故產生了創業的念頭。他解釋道，過往機械人的感測器尚未成熟，機械人難以四處走動，但約在六七年前的雷射雷達發明，使機械人可更準確偵察前方障礙物體的距離，使機械人的業務更廣泛，技術都更趨成熟。

與拍檔互補長短

及後，經過朋友間的介紹，林朗熙認識到有意涉足機械人生意的張漢傑，林朗熙熟諳機械人科技，張漢傑擅長推銷，兩人一拍即合，一同創業，互補長短，「創業拍檔好重要，如果全部都是博士，便沒有人懂得跟普通人相處。」兩人的創業作則是代理一部能到房送餐的機械人。拍擋張漢傑利用自己酒店業的人脈，最後獲本港多間酒店採用，踏上創業成功的重要一步。

林朗熙熱心參與不同公益活動。

在疫情下，機械人亦大派用場，林朗熙指出，當時老人院舍人手特別緊張，不少護理員更不幸染疫，公司即時急社會所急，引入機械人到老人院舍服務，紓緩院舍人手壓力，「機械人除可為長者量體溫、血壓，血含氧量外，亦可偵察長者有否失禁，從而通知護理員替換尿片，節省時間之餘，亦令到長者得到更好的照顧。」

引入洗窗機械人

林朗熙又透露，公司近日引入來自以色列的洗窗機械人，用於清洗大廈玻璃外牆，取代吊船清潔工。林朗熙指出，過往利用吊船清潔外牆，除了受天氣影響外，對工人亦存在一定危險性，轉用機械人後既可提高清潔效率，也可檢查玻璃有否裂痕。

談到在香港創業的優勢，林朗熙認為，最大好處莫過於大部分全球的大企業都在香港設立總部或分公司，容易找到相關負責人商談合作及徵詢意見；另公司設於科學園，園方除協助他們找客戶，亦幫忙找投資者，為創業者提供很大的便利。

林朗熙 (左) 冀機械人能為社會帶來便利。

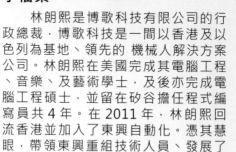

小檔案

　　林朗熙是博歌科技有限公司的行政總裁，博歌科技是一間以香港及以色列為基地、領先的 機械人解決方案公司。林朗熙在美國完成其電腦工程、音樂、及藝術學士，及後亦完成電腦工程碩士，並留在矽谷擔任程式編寫員共 4 年。在 2011 年，林朗熙回流香港並加入了東興自動化。憑其慧眼，帶領東興重組技術人員、發展了各種尖端科技的產品。

第九篇

致力培育大灣區專才

在新城電台節目《經濟午餐》中，節目主持李尚仁博士和何民傑博士請來大灣區商學院校長陳志輝教授分享創校經歷。

大灣區商學院校長
陳志輝

陳志輝

陳志輝與主持合照。

陳教授表示，香港有很多特點和優勢。

　　陳志輝教授曾在香港中文大學任教，並於 2010 至 2020 年間擔任逸夫書院院長。2020 年，陳教授創辦了大灣區商學院，並擔任校長。當被問及創校的原因和理念時，陳教授提到了兩個關鍵詞，「因時因地，實事求是」。他分享道：「香港有很多大學和教授從事商業管理領域的教學，但是否有必要有學者去教授更具體的專業知識。同時，大灣區的理念很多，實踐卻很少，沒有人承接實際的崗位。這個時候，我就覺得我應該站出來，創辦大灣區商學院，扮演一個超級網路平台的角色，協調各界，滙聚人才，集思廣益，為大灣區的建設和發展出謀獻策。」

　　陳教授表示，香港擁有諸多特點和優勢。首先，作為市場導向的國際金融中心，香港是著名的交通樞紐和貿易中心，一直是內地與國際市場之間的關鍵連接點，擁有著得天獨厚的雙循環角色。其次，香港建有第三條跑道的航空樞紐，在疫情過後，前途無限。再者，香港是全球最大的離岸人民幣業務中心之一，並逐步發展為國際資產管理中心和風險管理中心，盡握先機。加上健全的法律制度，使其國際仲裁中心的地位同樣穩固。他相信，隨著香港融入大灣區的內循環和大循環之中，這些優勢將發揮得更為淋漓盡致。

陳教授率團到大灣區企業交流。

鞭策自己「以學生為本」

　　在逸夫書院曾擔任十年院長的陳教授突然脫離熟悉的環境，創辦大灣區商學院，必然會面臨挑戰。陳教授認為，面對挑戰需要了解世界、香港、市場以及學生的需求，而在大灣區，更要清楚十一個城市各自扮演著的角色。在宏觀層面上，陳教授抱著為國家、地區和香港做出貢獻的使命創校，在個人層面上，陳校長不斷鞭策自己「以學生為本」，培育大灣區專才。

　　主持人李尚仁博士作為大灣區商學院的第一屆學生，分享了他在大灣區商學院的學習經歷。他回憶道，陳教授當時給學生們安排了任務，結束課程後必須在大灣區展開實際業務。為了幫助學生實現這一目標，陳教授邀請了許多負責大灣區事務的官員，向學生講解政策優惠，提供實踐建議和幫助。

成功靠「天時地利人和」

　　陳教授希望每一個學生在畢業後都能脫胎換骨。在大灣區的發展中，亦需講求「天時地利人和」。「天時」代表政策和環境，「地利」表示具體的執行方法，「人和」則是與當地人士合作的重要性。

陳教授表示大灣區商學院期望以香港為本位，與大灣區其他地區加強聯繫。香港的大學科研實力雄厚，而大灣區商學院更注重實踐，為希望在大灣區取得事業成就的人提供實際的支援，拓展學生的思維和人脈網絡。從大灣區出發，協調各方，集思廣益，最終為國家的發展做出更大的貢獻。

陳教授希望學生立足香港，放眼大灣區。

小檔案

　　陳志輝教授由 2020 年 7 月開始出任大灣區商學院校長。現時，陳教授亦為香港中文大學商學院市場學系榮休教授。陳教授一直積極參與公共及社會服務，1999 至 2005 年連續六年出任香港消費者委員會主席，2004 至 2010 年間任香港存款保障委員會主席。為表揚陳教授對公共事務和社會服務的卓越貢獻，香港特區政府於 2005 年委任他為太平紳士，又於 2007 年頒授銀紫荊星章予陳教授。

第十篇

發奮圖強 回饋社會

　　在新城電台節目《經濟午餐》中，節目主持李尚仁博士和何民傑博士請來三名香港明德會傑出大學生選舉得獎者，分享在明德會參與比賽與擔任學生委員會的精彩經歷。

　　香港明德會是由主持人李尚仁博士創立的一個慈善組織，其宗旨為「大學之道，在明明德」，致力於服務社會，鼓勵並推動青年人積極向上發展。李尚仁博士表示，香港擁有眾多優秀的青年，但他們缺乏足夠的發展機會，因此他創立了明德

明德會傑出大學生選舉得獎者
鄭家豪、梁泳菇、張海彤

鄭家豪（右二）、梁泳菇（右三）及張海彤（右四）與主持合照。

在頒獎禮上，財經及庫務局副局長陳浩濂（右四）、香港明德會常務會長李尚仁（左三）與一眾嘉賓及得獎同學合照。

會，旨在為年齡在十八至二十五歲的大專及碩士學生提供展示才能的平台。明德會致力於服務特定群體，為大專及碩士學生提供社會服務、就業輔導和實習計劃的機會，並舉辦「十大傑出大學生選舉」比賽，以表彰優秀的大學生。

脫穎而出因「反叛」精神

　　來自香港科技大學定量社會資料分析學系的鄭家豪同學，在上一屆的「十大傑出大學生選舉」中脫穎而出，獲得了第一名的榮譽，目前擔任香港明德會學生委員會主席。鄭家豪認為，他能在眾多參賽者中脫穎而出，是因為他持有一種「反叛」的精神。他主張重新詮釋「傑出」一詞，認為真正能夠創業的大學生屈指可數，但其他大學生同樣擁有卓越的才能。在他看來，積極參與社會服務並回饋社會，同樣是一種「傑出」的表現。作為來自低收入家庭的他，與明德會倡導的向上流精神產生了深深的共鳴。

　　梁泳苳在香港中文大學修讀中國語文研究文學士及中國語文教育學士同期結業雙學位課程，並在上一屆的「十大傑出大學生選舉」中榮獲第二名。她分享道，最初參加比賽是受到多元強勁的評審團陣容所吸引，來自政界、商界、社服界的專業人士向他們分享了許多寶貴的經驗。梁泳苳認為，大學生除

了學術之外，也肩負着社會責任，學習知識的同時也應該學會做人處事的道理，這與明德會的理念不謀而合。在參與明德會比賽及擔任學生委員會幹事期間，她不斷發掘自己的優勢，梁泳茹曾經創辦過青年義工組織，但她明白並非所有大學生都有機會創業。因此，她在擔任副主席期間，努力為大學生提供工作坊機會，使他們能夠學習更多技能。

十大傑出大學生選舉得獎學生

大學生背負着社會責任

張海彤獲得第三名，目前在香港教育大學修讀創意藝術與文化榮譽文學士及音樂教育榮譽學士同期結業雙學位課程。她分享道，在參與明德會的比賽與活動期間，她印象最深刻的是一個網紅教學如何營運社交平台的工作坊，讓她體驗到了在學校中難以接觸到的學習內容，極具實用性。她認為現在的年輕人有夢想也有能力，卻缺乏足夠的行動勇氣，而明德會提供的社會服務和工作坊機會，讓大學生能夠在校園之外積極回饋社會，並學習更具實際應用價值的技能，為未來更好地融入社會奠定基礎。最近，明德會還組織了一次台灣義工服務之旅，讓學生有機會與國際青年商會進行交流。

香港明德會亦會派發愛心贈食給有需要人士

41

香港明德會安排不同的義工服務予同學參與。

最後，主持人李尚仁博士呼籲 18 至 25 歲的香港大專及碩士在讀生積極報名參與「傑出大學生選舉 2023」。這不僅有豐厚的獎金，還提供了多樣的社會服務、工作坊、海外交流、實習計畫等活動參與機會，為年輕人提供向上流的機會。

小檔案

香港明德會成立於 2021 年，致力於與青少年合作，建立更加共融的社會，推動積極向上的文化。透過策劃多元化的義工項目，讓青年通過參與活動培養德行，建立人脈，豐富自己的生活經歷。明德會也協助青年發展潛能，實現目標，並將自身的經驗分享，凝聚更多人的力量，回饋社會。

香港明德會的創會常務會長李尚仁博士表示，為了表達對香港一直以來的「獅子山精神」的敬意，同時展現香港人的多元文化和上進心，明德會將成為年輕人向前流動的橋樑。他們將策劃一系列的升學就業講座、職業培訓工作坊、文化康體等創意培養活動，幫助香港青年發掘自身長處，發揮所長，共同為社會帶來更多正面發展和貢獻。

第十一篇

分享疫後本港旅遊業情況

在新城電台節目《經濟午餐》中,節目主持何民傑博士和羅港俊請來立法會議員姚柏良,分享疫後香港的旅遊業情況。

自從 2023 年 2 月 6 日香港與內地全面復常通關以來,入境香港旅客人數逐步增加。從 2 月的 146 萬人次增加到 3 月的 245 萬人次,再到 4 月的 289 萬人次,約恢復到疫情前的五成二水準。姚議員評價旅遊業需要一定時間才能完全復蘇,但現在已經呈現出了可喜的進展。

立法會議員
姚柏良

姚柏良

姚柏良(中)接受主持何民傑(左)及羅港俊訪問。

姚柏良（中）不時就提升本港旅遊業競爭力向官員提意見。

疫情期間，人們的生活與工作習慣發生了不小的改變，線上會議在工作場合中被廣泛應用。然而，姚議員認為在疫情過後，商務旅遊並未被線上會議所取代。許多國際會議、展覽和大型活動逐漸恢復，這些活動難以在線上進行或參與，因此商務旅遊業也相應地恢復正常。

內地客愛港深度遊

主持人羅港俊提到，在觀看展覽時，他注意到有更多內地遊客參與，相比以往僅集中在購物消費，內地旅客在香港現在有更多的深度遊選擇，例如參觀展覽。姚議員表示贊同，特別是年輕的內地中產遊客，他們在香港的旅遊活動中增加了打卡景點、文化遊覽和參加演唱會等節目。這是因為香港的多元化元素吸引了不同類型的遊客，同時也帶動了高端消費。而姚議員在被問及如何吸引更多高端高質素遊客時，提出了多個建議。他認為應該多舉辦體育和文化類的國際盛會，並打造各種不同的旅遊產品。他提出了「五色旅遊」的概念：首先是「綠色生態遊」，利用香港得天獨厚的自然資源，吸引遊客參加行山活動，欣賞嶺南地區的自然風光；其次是「藍色水上遊」，考慮到香港擁有優美的海岸線和海島，提供海上遊覽的體驗；第三是「古色文化古跡遊」，讓遊客體驗香港悠久的歷史文化，參觀各種歷史古跡；第四是「夜色香港遊」，考慮到香港夜景的特色，應該盡快恢復夜市和夜宵文化，讓遊客體驗香港獨特的夜景；最後是「紅色歷史遊」，旨在幫助青少年了解和感受紅色歷史教育。他強調，只有開發多元化的旅遊產品，才能使香港旅遊業的發展更為可持續，並且擴大本地受益群體。

姚柏良提出了「五色旅遊」的概念。

推「五色旅遊」吸客

　　對於酒店業的現狀，姚議員分析指出，酒店的回報率較其他行業長，因此業界希望能夠維持更穩定的入住率和收入水平，進一步發展多元旅遊類型變得尤為重要。目前香港酒店業最大的問題之一是人力資源短缺，缺乏足夠的員工使得酒店運營成本不斷上升。業界提議增加更多外來勞工，以填補人手空缺。航運業也面臨著相同的問題，對此姚議員認為關鍵是在招聘新員工的同時，吸納在疫情期間流失的資深員工，以儘快恢復航線的運作。

姚柏良經常就改善旅遊配套發表演說。

姚柏良認為，香港深度遊具吸引力。

　　在節目的最後，姚議員呼籲，香港旅遊業的復常不僅需要政府的努力，也需要廣大市民一同營造良好的社區氛圍，以正確客觀的態度對待旅客。同時，服務業應該提供最優質的服務，讓旅客在香港有賓至如歸的感受，展現香港特色的好客之道。

小檔案

　　姚柏良為現任香港立法會功能界別（旅遊界）議員，同時也擔任香港中旅社的董事長。他積極為旅遊業界服務，擔任香港旅遊業監管局業界成員、旅遊業行業培訓諮詢委員會成員和香港旅遊業議會理事會觀察員等多個職務。此外，他也熱心於青少年服務，擔任香港青少年軍總會的義務秘書長。姚議員以他的多方位參與為香港的旅遊業界和青少年服務做出了重要貢獻。

第十二篇

淺談常見血管疾病及醫療保險的作用

在新城電台節目《經濟午餐》上，主持李尚仁博士、何民傑博士請來血管外科專科醫生羅旭和富衛人壽保險分行經理蔡志榮，分享常見的血管疾病，以及如何揀選合適的醫療保險。

血管外科專科醫生
羅旭

富衛人壽保險分行經理
蔡志榮

蔡志榮（左二）及 羅旭醫生（右二）在節目中作分享。

羅旭醫生表示，血管外科已成為一門獨立專科。

血管外科專科醫生羅旭指出，血管外科原本屬於普通外科，但由於近年來微創手術介入的方式日益普遍，與傳統使用手術刀等外科手術方式有所不同。因此，香港也跟隨世界醫學趨勢，將血管外科從普通外科中分拆出，成為一門獨立的專科。

倡定期進行體檢

作為靜脈曲張手術的專家，羅醫生指出，除了家族遺傳外，一些需要長期站立的職業從業者也會增加靜脈曲張的可能性，例如空姐、醫護人員、服務業人員等。靜脈曲張通常發生在腿部，當靜脈瓣膜出現異常，導致血液無法完全回流至心臟時，血液就會聚集在靜脈內，逐漸形成靜脈曲張。

羅旭醫生建議，大眾定期進行體檢。

除了靜脈曲張，主動脈瘤也是一種常見且棘手的血管問題。血管瘤是由於血管出現退化，導致退化的位置不斷膨脹而形成。如果不及時處理，任由血管瘤膨脹，一旦破裂就可能導致嚴重的內出血，甚至有生命威脅。雖然血管瘤存在著極大風險，但實際上可以通過超聲波檢查發現。因此，羅醫生建議大眾定期進行體檢，及早發現病症，並及時接受治療。

蔡志榮認為，醫療保險所擔任的角色也不可忽視。

醫療保險能起及時雨作用

富衛人壽保險分行經理蔡志榮分享了一個例子，他曾有一位購買了醫療保險的客戶，三年後突發心血管堵塞，動手術花費超過十萬港幣。幸好手術順利，而這份醫療保險也起到了及時雨的作用，為這位客戶報銷了全部費用。李尚仁博士也深以為然，他分享道，自己曾因為吃生冷海鮮導致腹瀉不止，問診私家醫院後覺得醫院環境與設備十分優良，便讓醫生為自己做了全面的體檢，最終發現鼻子有堵塞的病症，定期體檢的重要性可見一斑。

除了定期體檢，醫療保險所擔任的角色也不可忽視，能夠在關鍵的危急時刻給予病人足夠保障。現代醫學技術越來越先進，對病人造成的創傷也越小，但費用也相應更高。因此在節目最後，蔡志榮與李尚仁博士呼籲大家應選擇效益更大的醫療保險與保險經紀人，保障自身健康。

蔡志榮（右）與團隊合照。

小檔案

羅旭醫生是血管外科專科醫生，畢業於香港大學。他現為香港大學外科學系名譽臨床醫學助理教授，同時也是英國愛丁堡皇家外科醫學院院士、香港外科醫學院院士，以及香港醫學專科學院院士（外科）。

第十三篇

為本港樓市斷症

在新城電台節目《經濟午餐》中，節目主持李尚仁博士和何民傑博士請來香港專業地產顧問商會會長蔡志忠，分享本港地產市況。

香港專業地產顧問商會會長
蔡志忠

蔡志忠

蔡志忠（中）分享對香港樓市的看法。

蔡志忠於 1990 年創辦亞洲地產

　　蔡志忠是亞洲地產控股（香港）有限公司主席，同時擔任香港專業地產顧問商會的會長。在早年進入投資市場時，他的第一項投資是住宅。在八十年代，蔡志忠順應改革開放的趨勢，北上內地發展製造業，賺取了自己的第一桶金，並將這筆錢投資於香港的住宅市場。被問及為何選擇在香港投資住宅時，蔡志忠認為香港作為一國兩制的特殊行政區，有其獨特性，他也更熟悉香港的稅制，因此買入了一層住宅樓，即使房價不升值，也可以用於自住。

蔡志忠將亞洲地產已發展成為一家業務多元化的控股公司。

蔡志忠同時為山西省政協委員。

「辣招」影響成交量

　　論及「辣招」政策，蔡志忠認為政策大大影響樓市的成交量。30 年前香港人口約 590 萬，樓市交易量每月超過一萬宗，而現在香港人口約有 725 萬，人口增加了將近 25%，但每月樓市的成交量卻只有五千多宗。由此可見，「辣招」不僅限制了市民置業，還影響了整體經濟發展。因此，蔡志忠提倡逐步「撤辣」。他認為，即便現在撤銷「辣招」政策，樓價也不會立刻上升，因為現今供應量充足，且樓市最大的「敵人」是高利息而非買家數量。「撤辣」有利於整個香港發展，增加政府收入。由於香港的創新科技產業仍需時間才能對經濟做出貢獻，土地和樓市方面的稅收仍然至關重要。

香港更需要「搶企業」

　　對於香港現時的「搶人才」制度，蔡志忠認為最後真正留港人才並不能填補人才流失的空缺，因此除了「搶人才」，更需要「搶企業」。蔡志忠提出，引入龍頭企業和大型創新科技公司將帶來眾多配套產業，增加就業機會，使人才得到更好的施展。香港應該善用自身高端科技人才優勢，為大企業在北區等地提供土地優惠，以促進其在當地發展。

在節目結束時，蔡志忠分享了在香港投資的機遇。今年香港與內地全面通關，訪港旅客人數大幅增加，因此他對商業地產市場持樂觀態度，而住宅樓市則相對穩定。

小檔案：

蔡志忠於 1990 年成立亞洲地產，開業初期以物業代理為主，適逢九十年代初香港經濟起飛，物業市場蓬勃，亞洲地產迅速擴張，幾年間分行遍佈香港東區北角和半山一帶，由於業績表現出色，開始受到市場矚目。經歷 97 年亞洲金融風暴，直至 03 年沙士時期摧殘，香港經濟一片蕭條，各類價格跌至谷底。亞洲地產把握歷史機遇，進軍工商舖市場，於沙士期間，趁低吸納各類工商物業作長線投資，壯大實力根基。並於 2010 年，開始進軍國內房地產市場，參與廣東、福建的房地產開發和投資，拓展中港兩地房地產市場。

亞洲地產目前已發展成為一家業務多元化的控股公司，旗下業務包括房地產開發、併購發展、物業投資以及地產代理，還有財務融資、零售百貨、餐飲。

第十四篇

港酒店業面對機遇與挑戰

　　在新城電台節目《經濟午餐》上，節目主持李尚仁博士和何民傑博士請來香港酒店業主聯會執行總幹事徐英偉，分享香港酒店及旅遊業現狀。

　　香港酒店業主聯會成立於 1983 年，致力保護酒店業主的權益，為會員提供有關酒店業的服務，向酒店總經理和經營者發出有關政策方面的指引等。徐英偉道，旅遊業是香港的支柱產業之一，酒店業在其中更是扮演着重要的角色。

香港酒店業主聯會執行總幹事
徐英偉

徐英偉

徐英偉（中）在節目中分享香港酒店業的機遇。

徐英偉與中國運動員合照。

　　隨着 2023 年的通關恢復，旅遊業的發展逐漸恢復正常。因此香港酒店業主聯會更應積極與政府合作，推進政策，與業界合力推動香港旅遊，促進酒店業的發展和繁榮。他們的作用對於整個旅遊業的發展具有重要意義，值得政府和業界的重視和支持。

徐英偉認為，酒店業在香港有着重要的角色。

倡舉辦大型展覽

　　香港酒店業目前正面臨人才短缺的問題。正因為老齡化人口結構和勞動力不足的情況，酒店客房無法全面開放。根據酒店業主聯會最新的調查顯示，香港酒店業缺乏超過九千人的勞工數量。因此，培養年輕人才、善用科技等舉措勢在必行。徐英偉認為，應在保護本地勞工的基本權益的基礎上引進外地勞工，以補充勞動力。

徐英偉認為，要盡快解決酒店業人手不足問題。

　　香港作為中西文化交流的中心、國家特別行政區，擁有其特殊的文化底蘊及發展前景。徐英偉從上半年旅遊業的情況分析出，大型展覽與會議能為香港旅遊業帶來商務和觀光客源。這對於旅遊服務業的要求也逐漸提升，香港在這個領域一直極具經驗，應繼續大力發展。

　　他又提到，《粵港澳大灣區發展規劃綱要》提到的深化區內文化旅遊領域合作和規劃的計劃確實為香港的旅遊業帶來了新的機遇。特色旅遊產品，如美食、文化和體育盛事，以及大型博覽和會議等活動，都將吸引更多的旅客來港。在這樣的機遇下，酒店業需要保持高水平的接待能力和服務水準，作為旅客在香港的第一接觸點。因此，酒店業界期望得到政府的支持，共同打造香港的旅遊品牌，鞏固其作為旅遊盛事之都的地位。

需解決人手不足問題

　　徐英偉先生對未來香港旅遊業及酒店業的發展提出了一些重要的觀點。首先，解決勞動力不足的問題至關重要，因為人手不足會影響到服務品質，進而損失客源。其次，持續吸引更多會議和展覽來香港召開，以及鼓勵客戶在港投資和消費，都是推動香港旅遊業和酒店業發展的重要途徑。另外，考慮到現今遊客對高端體驗的需求，徐英偉先生在節目尾段，呼籲年輕人應該積極投身香港旅遊及酒店行業，為香港經濟發展注入年輕的力量，並提供更多優質的服務和體驗。這些措施將有助於促進香港旅遊業和酒店業的長期健康發展，同時增強香港在國際舞台上的競爭力。

小檔案：

　　徐英偉在加入香港酒店業主聯會之前，曾擔任香港特別行政區政府政治任命官員，有近15年政策範疇及特區政府管理經驗，擔任不同職務包括民政事務局局長、勞工及福利局副局長等，他亦是香港歷年最年輕的局長級高官人員之一。他在二零零八年前亦在北美及香港多間國際金融機構有近10年管理經驗。徐英偉早年取得加拿大渥太華大學的社會科學學士學位，主修經濟，公共政策及公共行政管理，及英國曼徹斯特大學的工商管理碩士學位。

　　徐英偉目前亦擔任多個公職，包括福州新區閩港合作諮委會副主任、中國香港足球總會副主席、粵港澳酒店總經理協會主席及香港理工大學酒店和旅遊業管理學院顧問委員會成員等。

第十五篇

剖析「港車北上」利與弊

　　在新城電台節目《經濟午餐》上，節目主持李尚仁博士和何民傑博士請來香港汽車會會長李耀培博士，分享「港車北上」計劃與人工智慧汽車技術。

香港汽車會會長
李耀培博士

李耀培

李耀培 (中) 與兩名主持合照。

李耀培不時代表香港汽車會接受訪問。

　　「港車北上」計劃允許合資格的香港私家車在無須取得常規配額下，經港珠澳大橋往來香港和廣東省。此計畫將便利香港居民以自駕方式到廣東省作短期商務、探親及旅遊，同時進一步善用港珠澳大橋和促進粵港澳大灣區的發展，於 2023 年 7 月 1 日起正式實施。

李耀培發表演說。

李耀培推廣汽車新技術。

兩地交通有區別

李耀培博士強調,「港車北上」計劃所規定的可申請車輛與由公司登記的中港車不同,必須為個人登記的私家車。「港車北上」設有逗留時間的限制,每次逗留時間不可超過三十天,且每年在內地累計逗留時間不可超過 180 天。但中港車在逗留時間上沒有限制。在過關關口方面,申請「港車北上」計劃的車輛暫時只可於港珠澳大橋通車,而中港車則相對限制更少。

李耀培博士認為,香港使用右舵車,而內地使用的是左舵車,除此之外兩地在交通規則上亦有不少區別。為免香港司機無法適應交通習慣的不同,香港汽車會特別開設兩小時汽車課程,讓香港司機瞭解並熟悉內地的交通規則。同時,汽車會為了支援「港車北上」司機,特別研發「駕灣通」手機應用程式,透過定位追蹤為車輛提供救援服務,並設有香港汽車會 24 小時熱線,無論是會員與否,都可撥打熱線尋求援助。

無人駕駛科技有待改進

當談論到自動駕駛和人工智慧汽車技術時，李耀培博士分享道，汽車科技越漸發達，新能源汽車的發明，更使汽車科技躍進一大步。無人駕駛分有五個不同級別，現在香港只可以使用第一、二級別，即仍需有駕駛員在場，以備不時之需。李耀培博士認為香港在發展無人駕駛科技方面仍有較長一段路，而當下他更期望政府推進的是智慧停車場技術，由機械幫助泊車，無需車主在停車場兜圈尋找車位，同時省去通道及預留車輛開門的空間，能夠更合理化使用香港停車場。

小檔案：

李耀培博士是汽車業界的翹楚，30多年來不遺餘力推動業內人才培訓工作。李博士現為香港汽車工業學會會長，曾任中國汽車會會長，經常就與汽車業和汽車工程有關的議題，向政府及公眾提供專業意見。李博士現時兼任教育局轄下汽車行業培訓諮詢委員會委員，就訂定《能力標準說明》提供意見，提升業內人力資源水平和競爭力。

第十六篇

淺談香港發展家族辦公室具優勢

　　在新城電台節目《經濟午餐》中，節目主持李尚仁博士和何民傑博士請來註冊財務策劃師協會會長黃敏碩，分析近期股市、香港家族辦公室及虛擬貨幣發展。

　　近年中港股市跑輸不少地區市場，比如 MPF 在 2023 年 5 月投資回報表現方面，港股基金表現最差，期內瀉 3.1%，其次為大中華股票基金挫 2.3%。日本股市近期屢創新高，跑贏其他市場，而巴菲特亦不斷增持該市場股票。黃敏碩分析，

註冊財務策劃師協會會長
黃敏碩

黃敏碩

黃敏碩 (中) 與兩名主持合照。

整個上半年港股的表現較差，但放眼世界，即使與美股比較，表現仍尚在接受範圍之內，他強調，強積金是長途賽，每季應檢視現有投資組合，作出適當調配，並根據可接受風險程度，而作出投資選擇。

黃敏碩不時獲邀出席不同講座。

黃敏碩（左）與其他評論員何民傑、胡孟青、孫柏文合照。

黃敏碩（右）與香港金融發展局主席李律仁對談。

香港稅務存在優勢

當討論在香港成立家族辦公室的優勢時，黃敏碩介紹家族辦公室是專門為富裕家庭提供投資管理和財富管理的私人公司。他認為，香港在政策、定位及稅務上具備優惠，在產品和服務上的資產增值仍有較大空間可以提升，在背靠內地的同時，亦可以吸引到中東、東南亞的資金流，因此極具發展家族辦公室的優勢。

除了投資和財富管理，家族辦公室甚至可以參與負責管理藝術產品、慈善活動等。而香港近年來藝術品的交易量不斷提升，2021 年香港藝術品交易額超過 660 億，由此可見香港具備推動家族辦公室多元化發展的條件。同時香港的稅率很低，比如一幅畫的交易，在新加坡需要另外交銷售稅，但在香港則不需要。因此黃敏碩認為，特首李家超設立的在 2025 年前，吸引超過兩百家家族辦公室的目標並不難達成。

數位資產有弊有利

在節目的最後，主持人與嘉賓討論了這幾年來非常熱門的話題，即數位資產。香港政府於 2023 年 7 月中發放本年度第二期電子消費券，不同登記平台通常會給予登記者不同的額外優惠，因此相比起傳統的交易模式，數位資產往往附贈了更多增值優惠的活動。黃敏碩對此分享道，加密貨幣或數位資產是未來可持續推進的技術，目前來看市民最擔心的問題是安全性，及如何防範或解決洗黑錢等犯罪行為，可見這項技術有利有弊。數字貨幣應分兩個範圍看，一個是政府發行的，例如數字人民幣，以及正在研究的數位港幣；另一個則是非政府發行的，例如被大家所熟知的比特幣。自從比特幣被創造以來，各式各樣的加密貨幣開始發展，因此相對應法規的建立也至關重要。黃敏碩認為，特區政府雖然沒有權力將這些加密貨幣合法化，但應對交易機構進行合法監管，保障市場。

小檔案：

黃敏碩，寶鉅證券董事及首席投資總監，具逾 20 年金融行業經驗，並在多份報章撰寫專欄，分析外圍市況及投資趨勢，提供策略部署，深受讀者歡迎。

第十七篇

剖析人工智慧發展趨勢

在新城電台節目《經濟午餐》中，節目主持李尚仁博士和何民傑博士請來香港理工大學專業及持續教育學院資訊科技總監陳繼宇，討論人工智慧等熱門話題。

香港理工大學專業及持續教育學院資訊科技總監
陳繼宇

陳繼宇

陳繼宇 (中) 在節目中討論人工智慧等熱門話題。

陳繼宇建議年輕人應多進修，充實自己。

陳繼宇不時到其他國家院校交流。

　　陳博士同時在公共行政、電腦工程及教育三個範疇擁有專業資格。起初攻讀多個學科，為了增加自身在就業市場的競爭力，及後發現進修後自身的綜合能力得到大幅提升。因此，陳博士建議專科畢業生，如醫學生，應持續深度進修；而非專科生，則應修讀多個科目，從不同科目當中總結，並概括出屬於自己的獨特知識。他認為，在如今的大環境中，能夠獨樹一格非常重要，這意味着要有獨特的特質和能力，能夠在眾多競爭者中脫穎而出。同時提升綜合能力，這包括不僅僅在自己的專業領域中有所突破，還需要具備跨領域的能力和技能，以應對多變的環境和挑戰。

建議修讀多個科目

　　陳繼宇博士早年曾用自身專業知識，突破傳統電子書框架，開發出一個一站式的電子教育平台。平台將集合了不同課題的著論，根據獨立章節打散，再根據課題各自分類，不同課題歸類了來自不同出版社的書籍著論，使用者可以根據自己想看的主題搜索並下載，不需要為看某個章節而買下整本書。

陳博士亦是大數據及人工智慧專家，在被問及人的能力會否因為人工智慧技術的先進發展而產生退化時，陳博士認為基礎的能力可能會變差，但也可能會在其他方面的得到提升。比如書寫能力不足的人們，寫文章的時候會出現語法錯誤，卻具備非常優秀的思維能力，有自己獨特的想法與見解，針對這樣的情況，人工智慧如 ChatGPT 就能提供修改幫助。

陳繼宇致力推動資訊及教育。

應學習整理知識

陳博士分享道，現在年青人不常看字寫字，他們更傾向於觀看畫面，而畫面也越來越短，這當然存在弊處，但也相應地比非人工智慧時代的人輸入了更多資訊。主持人何民傑補充道，人們除了會收集資訊，更應學會整理知識，將知識逐漸發展成為個人智慧，才有可能超過電腦。

陳博士除了個人工作，亦致力於投入公職工作，他同時身兼兒童發展基金督導委員會委員、數碼港企業發展顧問組成員、優質教育基金推廣及宣傳專責委員會委員等身份，陳博士希望利用自己本身學識貢獻社會。

小檔案：

陳繼宇博士為香港理工大學（理大）專業及持續教育學院（CPCE）副院長（資訊及發展）、CPCE 資訊科技總監、以及專業進修學院 (SPEED) 院長。陳博士積極參與公共和社區服務，並參與多個政府和法定組織的委員會和小組成員。在義務和專業團體服務方面，陳博士現為香港數字貨幣研究院長和香港聯合國教科文組織協會副會長（創新及科技）。

第十八篇

為港樓市打脈

　　節目主持李尚仁博士和何民傑博士在新城電台節目《經濟午餐》中，請來中原集團行政總裁施俊嶸，討論香港樓市現況。

中原集團行政總裁
施俊嶸

施俊嶸

施俊嶸（中）在節目中分析香港樓市。

　　施俊嶸分析了目前香港樓市的情況。受三年疫情影響，香港樓市發揮受限，再加上美國加息，一連串問題於 2022 年尾集中爆發。直到 2023 年初內地與香港通關，加息也到了尾聲，樓市便開始觸底反彈，逐漸恢復。實際上疫情期間，交投量亦只受到輕微的影響，與過往年份相若，但唯獨 2022 年是極為特殊的情況。

施俊嶸獲頒傑出青年企業家。

通關對樓市影響不大

　　今年初，香港與內地恢復通關，但資料顯示其實通關對樓市的影響並沒有期望來得大，可見內地的投資買家仍未來港投資。論及辣招政策時，施俊嶸建議政府檢討該政策，因其已維持超過十年，如今來說效果已不甚明顯。

施俊嶸上任中原地產行政總裁。

施俊嶸帶領中原首創二手置業區塊鏈跨界平台。

施俊嶸認為下半年樓市仍未有很準確的信號看出走勢，但影響樓市最大的不利因素已經消除。樓市之所以嚴重下跌，是受到美國加息的影響，但之後再加息的可能性不大，因此未來應有緩和的跡象出現。

增加線上業務的投入

節目最後，施俊嶸分享了地產代理行業的網上轉型，中原地產傾向於在未來減少門市數量，並逐步投入線上業務。以往客戶在網上獲得資訊的管道通常為公司網站，現在由於人工智慧的發展，他們已轉型至社交平台瞭解資訊。

施永青讚揚兒子施俊嶸有很強的觀察力。

施俊嶸認為，拓展網站宣傳，是客戶主動通過網路聯絡地產代理，就好比在分店開門做生意，等待顧客上門；而社交媒體宣傳則是通過人工智慧發現潛在客戶，大資料投放與買樓相關的資訊給有興趣的平臺使用者，讓他們對此產生需求，再聯絡地產代理。施俊嶸說道，香港雖然在這方面的發展進度較慢，但未來將為不可阻擋的趨勢。

小檔案：

施俊嶸畢業於英國華威大學經濟系，並於倫敦政治經濟學院取得房地產經濟學與金融理科碩士資格。畢業後曾在香港知名發展商項目管理部任職。2016年起任中原集團資訊服務董事，頻繁穿梭中港各子公司，整合各應用系統；亦爲集團引進最新技術，開發多樣應用程式，加強集團競爭力。在施俊嶸領導下，中原數據科技有限公司正式成立，促成與微軟香港和天開數碼媒體合作，推出全港首個地產代理自設視頻平台。

第十九篇

推廣義遊助了解當地文化

　　在新城電台節目《經濟午餐》中，節目主持李尚仁博士和何民傑博士請來「義遊」創辦人鄧緯榮分享創辦義工服務機構的經歷。

「義遊」創辦人
鄧緯榮

鄧緯榮

鄧緯榮 (中) 分享創辦義工服務機構的經歷。

鄧緯榮先生在 2008 年參加蒙古國際義工服務後，回港創辦了香港首個融合義工服務及文化交流的義工服務機構「義遊」，將國際義工服務理念引入香港。希望參與者能透過國際義工服務，遊歷於不同文化之間。

鄧緯榮創辦的「義遊」不限於地域限制，與其他國家的義工相互交流。

助建立同理心

　　「義遊」與外國的義工組織建立穩定聯繫，交流並安排各自機構的參與者前往彼此所在地做義工，並分為個體和團體兩種參與方式。「義遊」致力於減少由文化差異對義工服務造成的不利影響，在項目開始前進行培訓，並於義工專案中指導參與者了解當地人的文化，建立其同理心。

　　疫情期間，「義遊」需依靠捐款專案的支持才得以繼續運作，鄧緯榮也開始思考起機構的定位，並嘗試轉型。他發現，在過往的項目中，參與者雖然要自掏腰包參與國外義工服務，但卻在項目中收穫滿滿，並向他人宣傳。因此，「義遊」當下最重要的事就是管理大家的動機，讓參與者感受到意義所在。於是「義遊」在疫情期間開發了自己的 App，推出了網上虛擬學習課程。

鄧緯榮至今已帶領義遊籌辦超過 150 個項目。

推網上虛擬學習課程

進行義工服務，探訪貧困兒童。

　　「義遊」與香港的多間大學合作，並逐步嘗試延伸至中學，讓學生能夠出國參加義工服務。除了讓本地人出國體驗，「義遊」還將發展香港工作營，讓外國參與者體驗香港文化，屆時將會有來自十多個不同國家，超過八十人參與的義工服務於香港舉行。鄧緯榮坦言，其實有非常多人有能力亦有心想要參與義工服務，但無奈找不到合適的管道，而他創辦「義遊」就是想要打破這一道隔閡。

　　現在香港與內地已經恢復通關，「義遊」一直保持開放態度，希望在配合國家發展規劃的情況下，在未來的發展中逐步加入內地的義工服務專案。鄧緯榮相信，在活動中，參與者一定能在自己國家與地區的歷史與文化中，得到更深遠的探索與反思。

小檔案：

　　鄧緯榮為義遊的聯合創辦人及行政總監，多年來從事青年發展及創新教育工作，至今已帶領義遊籌辦超過 150 個項目，足跡遍及全球超過 20 個國家。鄧先生於香港科技大學畢業，並獲香港賽馬會全額獎學金修讀史丹福大學的社會企業課程。他更於芝加哥大學布思商學院行政人員工商管理碩士課程，曾為中文大學及社聯籌辦有關社企財務管理的課程。

第二十篇

宣導社區合作 凝聚地區發展力量

在新城電台節目《經濟午餐》中，節目主持何民傑博士和羅港俊請來港區人大代表朱立威先生，就他參與人大會議的內容、港區人大在施政上的角色，以及南區關愛隊的成立過程進行了深入訪談。

港區人大代表
朱立威

朱立威（中）分享港區人大代表工作。

　　朱立威先生表示，作為港區人大代表，他參與了 2023 年的第十四屆全國人民代表大會，主要聚焦於推動香港的發展與積極參與國家整體發展大局。他指出，這是他首次參與人大會議，他每天須閱讀大量文件，瞭解不同行業範疇。港區人大主要關注香港經濟的持續增長，促進兩地的交流合作，同時也就保障市民權益、提高福祉等方面提出寶貴意見。他強調，港區人大的角色是中港兩地的溝通橋樑，例如今年 36 名港區人大代表連署取消「黑碼」，向國家反映市民意見，方便中港兩地居民通關往來，避免阻塞。他亦呼籲香港市民可透過民建聯找到港區人大辦事處，尋找協助。

朱立威探訪區內長者。

連署取消「黑碼」

　　談到近期政府成立關愛隊，朱立威先生透露，關愛隊漸漸在地區行政上發揮功能。南區石漁區的關愛隊由不同背景的熱心區民組成，主要是義務性質參與，旨在推動凝聚社區資源和力量，支援政府地區工作和加強地區網路。南區關愛隊成立一百日，朱立威先生作為隊長，深深感受到居民的接納程度越來越高，提到過去區議員的政黨背景，會引起居民不喜，而拒絕接受支援，但現時關愛隊由政府宣導，更容易獲得居民的支持和信任。而且關愛隊義工來自不同背景，包括專業人士、退休人士等，每人都可以在自己的領域裡為社區貢獻，更有效地整合資源。比如過去舉辦活動的場地費用高昂，但現時有在學校任職的成員，與學校合作便可節省租金成本。

冀設立關愛隊秘書處

　　然而，朱立威先生亦提到關愛隊的困難，比如行政工作繁重，使投入服務的時間和人手不足，如日後設立關愛隊秘書處，提供行政支援，相信有助提升關愛隊效能。

　　最後，朱立威先生表示，他將繼續發揮作為港區人大代表的職能，為香港的繁榮發展不懈努力。同時，他也鼓勵市民積極參與社區事務，共同為香港的美好未來而努力。

朱立威於人民大會堂前留倩影。

朱立威出席不同會議。

小檔案

　　朱立威，廣東惠州人，民建聯成員，香港選舉委員會委員，南區區議員。朱立威畢業於香港中文大學社會科學系，及後於香港大學修讀城市規劃碩士課程。現為香港島各界聯合會常務副理事長兼秘書長、暨南區地委會主席，民建聯執行委員會委員暨南區支部主席。

第二十一篇

為將來事業做好裝備

　　在新城電台節目《經濟午餐》中，節目主持李尚仁博士和何民傑博士請來香港理工大學專業進修學院商學院課程同學卓俊燊、張樂天、麥嘉瑜及李香凝分享在校經歷。

　　正在香港理工大學專業進修學院修讀工商管理會計學的卓俊燊同學，當年 DSE 失利後，在網上查詢副學士相關的資訊，聽聞坊間形容香港理工大學專業進修學院，為香港大專中的一匹黑馬，便最終決定就讀於此。主持人李尚仁博士評價道，即便許多人都會有失敗的時候，但香港仍然是一個有許多晉升機會和管道的地方。

香港理工大學專業進修學院商學院課程同學
卓俊燊 張樂天 麥嘉瑜 李香凝

卓俊燊（左二）、張樂天（左三）、麥嘉瑜（左四）及李香凝（左五）與主持人對談。

香港大專中一匹黑馬

　　卓俊燊同學還分享道，在讀書期間還通過學校參與了許多如會計師事務所和國企的實習，為未來的發展奠定基礎。李尚仁博士也因此建議同學們在大學期間多多嘗試不同種類的實習工作，體驗不同的工作環境，嘗試過才知道自己的喜好。

　　第二位張樂天同學，遵從自己的興趣，在香港理工大學專業進修學院選擇攻讀營運及供應鏈管理專業。他表示，以前曾聽過人說「小時不讀書，長大做運輸」，但他相信運輸物流也有發展空間，而學院課程亦相當實用，有利於將來就業。

　　第三位麥嘉瑜同學因喜歡旅遊，在中學畢業後，於香港理工大學專業進修學院就讀旅遊服務業管理，這也是香港理工大學最為出名的課程之一。未來，她將前往瑞士繼續進修，而在香港理工大學專業進修學院的就讀經歷，亦為她專業知識及個人背景增添了不少優勢。

為未來就業打好基礎

　　與其他同學的情況稍有不同，李香凝同學工作了三年之後才選擇進入香港理工大學專業進修學院就讀市場行銷及數碼策略專業。她表示，自己對數碼營銷感興趣，但缺乏相關學術及工作經驗，令她難以入行。到她終於有機會接觸市場營銷的工作時，卻發現自己欠缺相關基礎知識，工作上力不從心，於是便在腦海中浮現出攻讀學位的想法，而學院所得到的知識，正好為未來職業生涯打好基礎。

理工大學專業進修學院為港生其中一個升學選擇。

　　這四位同學都來自於香港理工大學專業進修學院的商學院，但四個專業都各不相同，由此可見學校的專業設計非常多元化，而優秀的課程設置也為畢業生提供了強大的知識裝備。

香港理工大學專業進修學院為香港第一間獲 AACSB International 認證的自資高等教育院校。

小檔案：

　　香港理工大學專業進修學院（PolyU SPEED）由香港理工大學於 1999 年成立。PolyU SPEED 提供優質的自資榮譽學士學位銜接課程，分為全日制及兼讀制，範疇涵蓋會計、商業、款待及旅遊業管理、市場營銷、語文及傳意、建築、測量及物業管理、工程、健康學、資訊科技及數據科學、設計、社會科學及人文學。畢業生的學位由理大頒授。

第二十二篇

香港酒吧業疫前疫後苦況

　　新城電台節目《經濟午餐》，節目主持李尚仁博士和何民傑請來持牌酒吧會所聯會創會會長梁立仁先生，分享疫後香港酒吧業的恢復與發展。

　　論及創會經歷，梁立仁分享道，2020年初，受疫情影響，酒吧面臨停業，再加上政府更重視中西區酒吧，而忽略了其他地區的店鋪，梁立仁便站出來成立了持牌酒吧會所聯會，爭取行業權益。他認為酒吧業不如旅遊業，在疫情前本身規模龐大，政府對其重視度也相應更高，因此應團結酒吧業界，為自己發聲。

持牌酒吧會所聯會創會會長
梁立仁

梁立仁

梁立仁（中）分享疫後香港酒吧業的發展。

梁立仁表示，疫後港人少了夜生活，難免對酒吧業有影響。

港人少了許多「夜生活」

梁立仁表示現在酒吧業並不景氣，因此許多酒吧將資源分散，除了投放於酒之外，還投放於現場表演、遊戲等更多娛樂項目上，以吸引更多客人。再加上疫情期間人才流失，酒價上漲，成本也因此上升。而早年酒吧業的發展則「賣人多過賣酒」，更為重視酒吧老闆的親切感，以及一家酒吧獨特的氛圍，現在反而失去了酒吧最純粹的文化。

梁立仁接受媒體訪問。

特首李家超近期提出「搞活夜市」，表示政府將會積極推動相關活動，發展香港夜經濟。而梁立仁對此表示擔憂，因為據他觀察，香港人現在已經大幅減少「夜生活」，很難在短時間內再改回以前夜生活的模式。李尚仁博士也認為香港人仍舊具備消費能力，但消費的方式已經有所改變。

梁立仁冀團結酒吧業界，為自己發聲。

梁立仁認為，香港政府在過去幾年內對夜經濟尤其是酒吧業的宣傳方向偏負面，行業發展受到阻礙，因此想要復興夜經濟必然需要不少努力。香港的魅力除了金融基建、交通運輸系統等的發達之外，還有不夜城的特質。因此，除了社會各界的努力，更離不開政府的支持。

酒吧業未如預期回春

梁立仁坦言，2023 年恢復通關後，酒吧業並未如預期般回春，反而較疫情前再跌兩成。雖然疫情期間限制頗多，但港人都是留港消費，而如今恢復通關後大批港人北上消費，週末留港消費人數減少。

因此，梁立仁呼籲政府應推動本地消費，尤其是夜經濟上給予更多支持，完善相應配套設施，加大力度宣傳。

小檔案

梁立仁曾任警務人員，十多年前因家中車行生意結束，而轉行到酒吧工作。在酒吧業界二十年，五年前開始自行經營一間酒吧。疫情下生意大受影響，深感酒吧業界無人代表到自己發聲，梁立仁於是發文聯絡老朋友，開 Facebook 群組不到三天已有幾百人加入，後來便創立了香港持牌酒吧會所聯會。過程中發現外界對酒吧業有不少誤解，梁立仁接下來的工作還包括酒吧業形象改善工程，冀與政府官員和大眾多作溝通，彼此了解。

第二十三篇

以傳統故事轉化為表演藝術

　　節目主持李尚仁博士和何民傑博士於新城電台《經濟午餐》節目，請來耀中幼教學院中華蒙學苑苑長許楨教授、「有骨戲」戲劇教育創辦人李展鑾、「堅離地門神」執行導演、皮影戲創作人陳鈞鍵，分享戲劇創作經歷。

「堅離地門神」製作團隊

許楨 (左二)、李展鑾 (中) 及陳鈞鍵 (右二) 分享「堅離地門神」創作過程。

耀中幼教學院中華蒙學苑苑長許禎教授，分享耀中幼教學院早前與「有骨戲」戲劇教育合作，在香港故宮文化博物館上演話劇《火燒赤壁》的經歷。他認為小演員們演繹的話劇既傳播了經典，又增加了趣味性與互動性，相當不錯。

「有骨戲」劇團排演幕後。

小朋友透過學習話劇提升自信。

小朋友參演增互動性

　　「有骨戲」戲劇教育創辦人李展鑾分享道，由於之前「火燒赤壁」的反響甚佳，在今年打算安排表演更多曲目，由《草船借箭》這一章節開始一直表演至《火燒赤壁》，讓更多同學能夠長時間沉浸到話劇的氛圍當中，也希望聽眾能入劇場多多支持，給予鼓勵。

　　「堅離地門神」執行導演、皮影戲創作人陳鈞鍵與編劇李展鑾介紹闔家歡劇「堅離地門神」劇情，分享創作心路歷程。為了讓門神這個並不出彩的小神仙能夠發揮出更多光彩，他們將自己代入門神，發出「如果門神也有中年危機，是否會擔心被閉路電視和保安所代替」的疑問，他們認為這樣的自我掙扎非常現實和有趣，且為了適應時代變化所做的進步也恰恰投射出了傳統劇碼改編者的努力。

「堅離地門神」宣傳海報。

被主持人問及小朋友看劇時，是否跟得上劇情，李展巒則表示完全沒有問題，因為小朋友和大人的觀劇習慣不同，小朋友對劇情和主題上的感受相對較少，更多注重造型、有趣的情節、大型的場景，所以導演也特意為小朋友的感受在編排上做足功夫，而大人則更沉浸於劇情所體現出的香港情懷，因此無論是小朋友還是大人，都能從這套戲劇中獲得享受。目前陳鈞鍵導演在一位幼稚園園長的邀請下，投入皮影戲的創作中，將《西遊記》中《智取芭蕉扇》一章改編為皮影戲。

讓小朋友早接觸藝術

在如何吸引更多觀眾上，嘉賓們認為現在的學生接觸藝術的機會雖多，但選擇此行業的人甚少，可見對相關人才的培養仍不足夠。因此，此次推出闔家歡劇碼，也是為了讓香港人能夠從更小的時候，就接觸藝術，讓戲劇成為他們年幼的美好回憶，有助於未來的培養。

小檔案

許楨，香港學者兼新聞節目主持，倫敦政經學院國際關係史碩士，香港大學亞洲研究中心博士，香港中文大學未來城市研究所副主席、智明研究所研究總監。

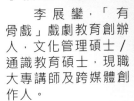

小檔案

李展巒，「有骨戲」戲劇教育創辦人，文化管理碩士／通識教育碩士，現職大專講師及跨媒體創作人。

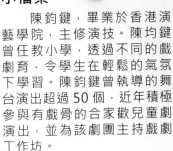

小檔案

陳鈞鍵，畢業於香港演藝學院，主修演技。陳均鍵曾任教小學，透過不同的戲劇育，令學生在輕鬆的氣氛下學習。陳鈞鍵曾執導的舞台演出超過 50 個，近年積極參與有戲骨的合家歡兒童劇演出，並為該劇團主持戲劇工作坊。

第二十四篇

拆解騙徒行騙手法

在新城電台節目《經濟午餐》中,節目主持李尚仁博士和何民傑博士請來政壇新星,香港立法會議員梁熙分享對網絡騙案、加密貨幣、天災應對與舊樓重建等熱議時事的看法。

立法會議員
梁熙

梁熙

梁熙(中)與主持人分享地區工作。

梁熙向政府官員表達意見。

　　梁熙議員分享道,近期騙案由原來的街頭騙案發展為更多的網絡及電話騙案。就港島以言,去年街頭騙案共錄得少於 6 宗,全部有跡可循並將罪犯繩之以法。而網絡及電話騙案平均每日有 77 宗,主要詐騙手法為推銷虛擬貨幣資產,甚至利用人工智能進行視訊通話行騙,或偽造不雅視頻從而實施勒索。也有人用知名人士如唐英年、曾俊華的面容去宣傳推銷虛假信息,令人更易相信。

梁熙重視市民的意見。

梁熙率團隊視察災後情況。

小心高回報投資產品

　　被問及如何防範加密貨幣平台詐騙時，梁熙認為，市民首先需要去確認平台是否合法持牌，其次是留意是否被列入可疑名單。對於高回報率的投資產品，他認為，市民需要格外留意產品伴隨的高風險，以免落入「龐氏騙局」。他提到在新加坡進行虛擬貨幣交易需要進行一年一次嚴格的評估，並由第三方機構監督。香港亦不妨學習新加坡的經驗來保護市民，提醒防受騙。

倡機構電話進行認證

　　談及近期十號風球與黑雨造成的大規模水浸時，梁熙表示，他在筲箕灣、柴灣地區水浸時已經聯繫了渠務署與發展局來處理，但是過了兩小時也未見工作人員，原因竟是工作人員表示保險沒有覆蓋十號風球警報生效的情況。對於領展停車場水浸，他分享道當時工作人員的水泵無法在有淤泥與碎石的環境工作，轉而選擇聯繫車主及時移走私家車。但是車主將其當作詐騙電話沒有接聽，從而造成損失。梁熙認為香港可以學習內地經驗，將機構電話進行認證，防止錯過接聽重要通知電話。

梁熙珍惜與市民接觸的機會。

　　對於香港眾多舊樓急需修繕的問題，梁熙表示，早前已經收到業主立案法團求助，對「三無大廈」進行檢查，並聯繫有關部門入場進行處理。他提到內地針對此問題有「維修基金」作解決方案，由業主共同負擔，從而減輕政府財政壓力。

小檔案

　　梁熙，出生於香港，現任香港立法會議員（香港島東）和民建聯常務執行委員會委員。梁熙大學畢業於美國南加州大學（工商管理），並為南加州大學香港學生會會長。碩士畢業於清華大學，並榮獲校級優秀畢業生和校級優秀論文獎。

第二十五篇

剖析香港傳媒現況與未來

在新城電台節目《經濟午餐》中，節目主持李尚仁博士和何民傑博士請到資深傳媒人、香港兩家免費電視台前新聞主播洪綺敏分享媒體工作經驗與當下媒體的挑戰，並給大家帶來主播的私人生活秘聞。

洪綺敏分享了過去在汶川地震時的採訪經歷，並認為第一時間到達天災人禍現場進行新聞報道是記者的天職，而媒體工作者也能夠通過報道引發群眾的反應而獲得滿足感。

資深傳媒人
洪綺敏

洪綺敏

洪綺敏 (中) 分享媒體工作經驗。

洪綺敏到學校分享主播經驗。

洪綺敏經常擔任不同節目主持人。

辦小記者訓練班

同時，洪綺敏還提出了人們應該怎麼看新聞的問題。洪綺敏闡述了假新聞會產生負面影響，並表示，媒體在一個事件未有最終定斷的時候，應該加上消息來源出處，同時不妄下定論。主持人李尚仁博士也表示，傳媒的角色是重構事件，不同的媒體會從不同的角度看到事件完全不同的樣貌。主持人何民傑也提到當下自媒體的環境，讓媒體失去了篩選的功能，人們更應該有自己的判斷。為此，洪綺敏也是開創了小主播小記者訓練班，從新聞工作的角度教學生看新聞，做新聞。

建議減少澱粉攝入

洪綺敏熱愛運動追求健康及良好體態。

談及私人生活秘聞，洪綺敏分享了她個人的運動和減肥經驗。她談到當下人們總覺得沒有時間運動，但每天只要拿出 15 分鐘運動，人的精神狀態會完全不同。洪綺敏還提到減肥的技巧是增肌。她說，過去人們都認為減食可以減肥，但這種方法雖然效果明顯，但很可能反彈，而且過去女生對於增肌都有誤解，增肌並不是鍛鍊大塊肌肉，而是讓你更容易消耗攝入的食物。主持人何民傑也提到最新有研究表明下盤肌肉較多的老人更加長壽。此外，洪綺敏更提及飲食和運動的配合是一個漫長的過程，她分享了自己的飲食規劃，減少澱粉的攝入，並且每天吃大量的蔬菜和足夠的肉類。

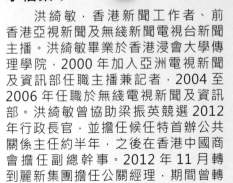

小檔案：

洪綺敏，香港新聞工作者、前香港亞視新聞及無綫新聞電視台新聞主播。洪綺敏畢業於香港浸會大學傳理學院，2000 年加入亞洲電視新聞及資訊部任職主播兼記者，2004 至 2006 年任職於無綫電視新聞及資訊部。洪綺敏曾協助梁振英競選 2012 年行政長官，並擔任候任特首辦公共關係主任約半年，之後在香港中國商會擔任副總幹事。2012 年 11 月轉到麗新集團擔任公關經理，期間曾轉職，2022 年 2 月重返麗新集團。

第二十六篇

保險達人分享成功秘訣

在新城電台節目《經濟午餐》上，節目主持李尚仁博士和何民傑博士請來富衛人壽保險營業經理敖錦兒、資深分行經理殷潔瑩和分行經理方子豪分享保險入行經歷及行業經驗。

富衛保險團隊
敖錦兒 殷潔瑩 方子豪

方子豪（左二）、殷潔瑩（中）及敖錦兒（右二）分享入行經過。

營業經理敖錦兒回憶加入保險行業的經歷。她分享道，在小學時，和父親騎單車時發生意外，父親摔倒撞到頭部失去意識，在醫院昏迷了一個月。當時家中還有一個正在就讀幼稚園的妹妹和一個剛出生的弟弟，而父親作為家裡唯一收入來源，其昏迷無疑對整個家庭來說是莫大的打擊。幸運的是，家中早前購入的保險，卻成為當時家中唯一的救命稻草，幫助家庭度過這次難關。這讓小時候的敖錦兒在心中對保險業產生了深深的感激之心。

敖錦兒從李尚仁博士手上接過獎項。

敖錦兒在比賽中獲得最高團隊業績獎項。

團隊有輕鬆一面。

保險零成本創業

大學畢業並在國外深造後，敖錦兒清楚地知道自己不適合打工，但自己創業又缺乏本錢，而保險恰好就是一個最低成本甚至零成本的創業機會，於是果斷決定加入保險行業。

敖錦兒解釋道，保險業和普通上班族最大的區別就在於時間分配。保險業銷售從業人員可以自己安排時間。雖然也會有團隊的訓練和培訓，但可以自己彈性安排時間與客戶見面。同時，普通上班族的薪金是固定的，而保險業則是付出更多的努力就會有更多的收穫，收入掌握在自己的手上。

經營社交平台吸客

資深分行經理殷潔瑩表示，自己更喜歡具有挑戰性的工作，而保險恰好給了她更多個人發展的機會。在入行初期，她按照傳統打電話的方式尋找客源，發現成效有限。當時家中姨姨也是保險從業人員，家中親戚基本都從她身上購入保險，而自己的朋友和同學也正值得讀書深造階段，並未有多餘資金可以購入保險。因此，殷潔瑩覺得自己應該將目光放到更大的市場，而不是只著眼於身旁的親友圈。殷潔瑩分析自身情況後發現，自己喜歡出門逛街打卡、嘗試美食，於是開始經營起自己的社交媒體平台，分享自己的打卡日常，吸引了不少客戶。

殷潔瑩完成業界殊榮 COT 及成功招募了 11 名團隊成員從敖錦兒接過獎金。

保險團隊合照。

　　資深分行經理方子豪曾經從事機電工程，每天朝九晚六於地盤工作，六點後仍要回公司處理文件，心理壓力日漸增大。這時，他轉行意欲萌生。他也曾想過踏上創業之路，但因成本問題，並未實行，於是開始瞭解起保險行業。

　　方子豪分享在保險行業收穫頗多，尤其在團隊協作與管理方面。團隊協作能帶來更多的效益，但協作不善，則會導致同事之間發生齟齬。因此，他十分贊同李尚仁博士的團隊管理方式，在初期就確定小組成員及工作分配，有效避免辦公室政治的出現。

小檔案：

　　敖錦兒，富衛保險營業經理，曾獲得最高團隊業績獎項。

　　殷潔瑩，富衛保險資深分行經理，完成業界殊榮 COT。

　　方子豪，富衛保險資深分行經理，過往曾從事機電工程，後加入保險行業。

第二十七篇

打造保險隊團隊百人將

　　節目主持李尚仁博士和何民傑博士在新城電台節目《經濟午餐》請來富衛人壽保險區域總監黃嘉煒、富衛人壽保險區域總監楊世昌、富衛人壽保險分區總監馬晉豪分享個人入行經歷，以及成功秘訣。

富衛保險團隊
黃嘉煒、楊世昌、馬晉豪

馬晉豪（左二）、黃嘉煒（中）及楊世昌（右二）在節目中分享入行經過。

富衛人壽保險分區總監馬晉豪分享一開始對於保險業並沒有抱著正面的形象，因總是聽到身邊人說從事保險業界便沒有朋友，後來機緣巧合下認識富衛人壽保險區域總監黃嘉煒先生，幸運的是他和優秀的人同行，找到了自己熱愛的事業，並在正確的方式下為客戶規劃合適的方案，也發現從事保險業界便沒有朋友的謠傳並不真確，只需要正確地待人接物同樣會有正常的人際關係。

馬晉豪認為，傳說中做保險會沒有朋友並不是真的。

馬晉豪獲得全年最佳營業總監冠軍。

黃嘉煒獲得傑出人壽保險經理大獎（DMA）

做保險非沒朋友

　　富衛人壽保險區域總監黃嘉煒分享團隊當中合作的趣事，他表示他們有完整的團隊訓練活動，亦會有不同的挑戰和比賽，讓同事時時刻刻保持競爭性。他認為，專業的保險顧問亦須具備深厚的專業底蘊、良好的心理素質以及高效的學習能力。而保險涉及的專業知識面非常廣泛，作為一個專業的保險員，需要掌握一定的金融、法律、醫療等知識，保持對市場環境的敏感度，才能夠客觀、全面，分析客戶的潛在財務風險。

黃嘉煒獲得全年最佳分區總監冠軍獎項

楊世昌說非常珍惜身旁一群專業可靠的隊友。

感激專業可靠隊友

　　富衛人壽保險區域總監楊世昌則分享保險業招募趣事，他認識有朋友進入保險這個行業，但與他並不是同一間公司，多年來友人都處於瓶頸狀態，一直沒有突破而不太開心，於是楊世昌提議他友人了解自己的團隊，就算不想轉公司也沒關係，但正因開放的心態，令友人感覺他的團隊更適合自己，於是決定並肩作戰，加入楊世昌的團隊，然後再進入團隊的第一年就

楊世昌曾獲得全年最佳分區總監亞軍。

完成了多年來希望完成的業績。楊世昌說道，他非常珍惜身旁一群專業可靠的隊友，在平時的工作和學習中，無論遇上任何專業的問題，還是發展事業上的難題，同事們都會互相扶持，及時給予有力的支持和協助予對方。

小檔案：

馬晉豪為富衛人壽保險分區總監，曾獲全年最佳營業總監冠軍。

黃嘉煒為富衛人壽保險區域總監，曾獲傑出人壽保險經理大獎（DMA），以及全年最佳分區總監冠軍。

楊世昌為富衛人壽保險區域總監，曾獲全年最佳分區總監亞軍，以及金牌經理人獎 第四名。

保險團隊合照

第二十八篇

改善施政獻良策

在新城電台節目《經濟午餐》，節目主持李尚仁博士和何民傑請來立法會議員郭玲麗，分享對香港近期公佈的施政報告的見解。

立法會議員
郭玲麗

郭玲麗

郭玲麗在節目中分享施政報告的見解。

郭玲麗對香港教育有獨特的見解。

郭玲麗支持不同的公益活動。

針對香港出生率維持在較低水準，此次施政報告中便包括了鼓勵生育，締造有利育兒環境這一要點。其中具體政策有新生兒獎勵金——為每名在港出生的新生嬰兒發放2萬港元，提高與居所有關的稅項和扣除最高限額，資助出售單位優先安排和公屋優先安排。談到這兩萬元的生育津貼，郭議員認為只是利是，本次政策在鼓勵生育上更有吸引力的一定是能夠加快公屋與居屋的輪候時間。許多已婚夫妻，往往想等到「上車」後再安排生育，而這項政策的提出，將為這些夫妻減少顧慮。

郭玲麗向小朋友介紹立法會的工作。

香港有力成國際教育樞紐

特區政府銳意將香港發展成國際教育樞紐，施政報告提出，2024/25 學年起，政府資助的專上院校非本地學生限額（適用於授課課程）將提升一倍至相當於本地學生學額的40%。身為教育界前線人士的郭議員表示絕對贊成這項政策，香港生育力低，且站在城市發展角度看，香港應該開放市場空間，香港作為國際化都市，應更多包容其他國家的文化與學術研究成果，歡迎國際學生。

港學生對內地認識不足

施政報告特別提出愛國主義教育，郭議員表示這是全國落實的政策，香港也應相應號召，落實愛國主義教育。香港在此之前，只是將愛國主義課程放在公民課中，對愛國教育的提及較為寬泛，不夠具體亦沒有系統。參考新加坡，愛國教育分成不同階段進入學校的不同年段，不斷深入。主持人何民傑及李尚仁均認為，香港作為中國的一部分，香港人卻對內地認識不足，甚至有香港人從來沒回過內地。因此，嘉賓與主持人一致贊同愛國教育課程設置，培養國家意識、汲取中華文化，是培養愛國情懷的必需品。

郭玲麗發表演說。

小檔案

　　郭玲麗，香港政治人物，現任香港立法會議員。郭玲麗為基層出身，後來在香港教育學院修讀教育文憑。2000 年畢業後任職特殊教育方面的教師，同年成為註冊教師。2018 年起，郭玲麗開始參政，在葵青區開展地區工作。2021 年，郭玲麗參與立法會選舉，在選舉委員會界別參選。同年 12 月，她在選舉中以 1122 票當選為立法會議員。

第二十九篇

做好夜經濟有法

　　在新城電台節目《經濟午餐》中，節目主持李尚仁博士和何民傑博士請來立法會議員兼房委會資助房屋小組委員梁文廣，討論香港房屋問題、夜經濟及地區選舉。

立法會議員
梁文廣

梁文廣

梁文廣（中）在節目中探討房屋政策。

梁文廣參與地區活動。

房屋署一直實施公屋富戶政策,指向不再需要資助的住戶減少房屋資助,以鼓勵富戶遷出公屋,確保公屋資源合理分配。現時有許多富戶不願離開公屋的例子,梁文廣認為政府在執行上正在不斷優化改進,讓不少公屋富戶遷出單位,將資源留給最需要的人。他認為,每年過萬名公屋戶交回公屋,主要是透過購買綠表的居屋,故此,政府除了加強執法,減低濫用情況外,應要研究可否提供一些誘引,讓有一定經濟能力的公屋戶盡早交還公屋,以加快公屋單位流轉。

梁文廣關注海濱的發展。

梁文廣就防洪應對措施召開記者會。

倡提供誘引讓富戶交還單位

　　政府積極推動夜經濟，在多區設立夜間市集，梁文廣表示他也曾多次前往支持。他曾前往內地進行參觀調研，認為香港在夜市和夜經濟的發展可以參考內地模式。內地的夜市或市集通常都會設立主題，目標是讓前來的市民停留 3 至 6 個小時。內地居民通常晚餐時間早，餐後可以前往附近商圈逛街、散步及消費，深圳最近多了不少穿梭巴士，可以將市民直接帶去商圈、文創點、夜市等，香港也可以借助這種模式。比如，早前觀塘海濱的夜市活動，除了讓市民可以乘坐地鐵前往之外，也可以安排穿梭巴士前往附近商場，將商圈串聯。

夜經濟可參考內地模式

　　對於新一屆區議會選舉，梁文廣認為，改革後的制度將會讓政府更容易聽到市民意見，落實政策。主持人李尚仁博士是黃大仙區的關愛隊成員，他也表示贊同，比如早前大雨導致黃大仙港鐵站浸水，關愛隊的做法比以往更為實在，真正做到為民服務。梁文廣同時作為深水埗區關愛隊成員，在打風期間

颱風過後，梁文廣落區視察，跟進問題。

也能感受到工作內容的深入，比如以前可能只負責通渠、搬樹枝等義工事宜，但現在能夠深入與政府交流溝通，將更多市民情況反映給政府，改變市民以往認為政府不做事的看法。

小檔案

　　梁文廣，西九新動力成員，現任香港立法會議員（九龍西），前深水埗區議會富昌選區議員。梁文廣在香港浸會大學完成中國商業副學士課程及在香港公開大學取得中國商業工商管理學士學位。在 2021 年香港立法會選舉中，梁文廣以西九新動力的名義參選九龍西地方選區，最終取得 36,840 票，成功當選。

第三十篇

非專利巴士服務經營之道

　　在新城電台節目《經濟午餐》，節目主持何民傑博士和嘉賓主持羅港俊請來冠忠巴士首席營運官黃焯添，就經營非專利巴士服務的挑戰與聽眾分享。

冠忠巴士首席營運官
黃焯添

黃焯添 (中) 就經營非專利巴士服務的挑戰與聽眾分享。

冠忠巴士引入全港首部平治歐盟六型巴士。

　　節目開始，黃焯添先介紹營運超過半世紀的冠忠巴士集團公司。冠忠巴士集團公司為家族式生意，創辦人是黃冠忠先生，而黃焯添則是第三代家族生意接班人，加入冠忠巴士集團已接近十年。現時集團服務範疇主要分為專利及非專利巴士服務，專利巴士服務主要在大嶼山、天水圍以元朗等等，另外關口與市區的路線，則以深圳灣和港珠澳大橋為主，並主要服務

黃焯添 (左) 盼望為集團注入新動力。

黃焯添熱心足運，並為冠忠南區球會主席。

地區市民。而非專利巴士服務較廣泛，例如學童校巴、接送上下班的居民巴士及旅行車租賃服務。車隊超過 1,500 部，預料每日服務超過 20 萬人次。

　　黃焯添向聽眾分享在冠忠巴士集團工作的難忘經歷，其中港珠澳大橋開通最為深刻，感歎工程的宏偉。惟三年後受疫情影響，巴士服務被迫停頓，例如，關口封關、學童停學、上班族在家工作，服務受疫情下跌超過七至八成，業界遇到很大挑戰。相反，雖然現時口岸已通關一段時間，但聘請司機亦有難度，另外，港人北上旅遊消費熱潮強烈，高鐵的便利，北上遊客的數量更勝南下遊客。因此，公司制定針對性的策略，例如向港人推廣北上消費時，使用車隊服務有票價優惠，集團亦與國內商場達成合作，吸引港人北上消費。

　　黃焯添盼望為集團注入新動力，引入各種科技應用協助管理，例如逐步加裝智慧監察系統，利用即時影像及感應系統，追蹤司機的身體特徵，分析司機是否進入疲勞狀態。集團應提高車隊的行車安全意識，同時教導司機利用科技進行行車協助。另外，政府推行「補充勞工優化計畫」，容許更多工種輸入外勞。黃焯添對計畫表示歡迎，由於香港司機年紀較大，

在足夠的培訓下樂意引入內地司機。香港企業需推行「環境、社會及管治」(ESG) 的發展，為環境出一分力。黃焯添指集團車隊引入最新的環保柴油巴士，儘量減低排放，達致集團對環境保護的宗旨。集團又紛紛引入電動巴士，惟面對不少困難，主要問題來自電動巴士的充電站需要設置一個廠房進行充電，而集團亦正積極解決面對的困難。

小檔案：

　　黃焯添於二零一四年加入冠忠巴士集團，目前擔任集團之首席營運官。黃焯添持有香港中文大學之法律法學博士學位及英國巴斯大學之經濟學理學學士學位。除香港防癌會的義務工作外，黃焯添還擔任多個政府委員會及社會團體的職務，包括香港防癌會董事局董事，傳訊及籌募委員會委員。

第三十一篇

香港發展創科擁四大優勢

在新城電台節目《經濟午餐》中，節目主持李尚仁博士和何民傑博士請來立法會議員尚海龍，分享香港創科發展及人才問題現狀。

立法會議員
尚海龍

尚海龍與兩位主持合照。

尚海龍接受內地媒體訪問。

　　尚海龍議員一直關注香港創科發展，他認為香港在發展創科方面至少有四個優勢。首先是香港的研究基礎好，有一批領先的研究成果；同時有充足的高端人才，QS 排名全球前 100 的高校在香港就有 5 所，每年至少能夠培育 8000 個 STEAM 畢業生；第三是香港的國際化程度高，中西文化交融碰撞，能夠帶動文化創新；此外，香港緊貼內地市場，又面向海外，在地理位置上極具優勢。

尚海龍就人工智能發展發表演說。

尚海龍關顧長者。

畢業生須具好奇心

對於香港的大學畢業生，尚議員給出了必須具備好奇心的建議，學會在慣常的環境中，嘗試培養新思維。同時，應放眼世界，吸收各國知識，因為香港的便利生活有時會影響創新思維的發展，比如香港的電子支付和快遞服務不如內地發展快，恰恰是因為內地從前在這些方面不夠方便，從而發展科技進行補足，而香港太方便，大家反而缺乏改進的意識。除了個人的心態，尚議員認為政府也應大力引導，創造場景，使得香港創科公司的產品有能發揮的用武之地。

為企業家創造創業土壤

作為一個著重人才的行業，香港的創科行業目前人才欠缺，更碰上嚴峻的局面，政府也對此推出專才通、專才引入等政策，希望搶回相關人才。尚議員同時還擔任中國人工智慧企業尚湯科技的顧問，因此根據他的經驗，香港創科的開發需要有產品經理，行銷方面則需要市場行銷人才，同時亦不能缺乏金融和法學人才協助。因此，發展創科不僅需要工科人才，創新產業鏈的每個流程都需要各科專才配合和合作，而他們當中亦絕不能缺少創新的精神。

尚海龍為中國人工智能企業商湯科技顧問

　　香港特別行政區新設的「高端人才通行證計劃」，截至今年的 5 月底，接獲逾 3.2 萬份申請，其中超過 2.1 萬已經獲批。尚議員認為，如何留住這些高端人才，仍需要政府出臺相關配套政策，如為企業家創造創業的土壤，為求職人才創造更多高效的求職方式等。

小檔案

　　尚海龍，陝西出生，清華大學高級公共管理碩士，「港漂」人士。現任香港立法會議員（選舉委員會）、中國人工智能企業商湯科技顧問，及中國移動香港有限公司首席顧問。

第三十二篇

慈善音樂會背後意義

　　新城電台播出的節目《經濟午餐》，主持李尚仁博士、何民傑博士請來博愛醫院董事局第四副主席暨籌募及推廣委員會主席曹思豪 Simon、表演歌手黃曦桃、音樂會主持人 Daisy 戴、演員 Giselle Lam，分享 So Me Show 音樂會的起源和意義。

博愛醫院董事局第四副主席
曹思豪

曹思豪

曹思豪（中）、黃曦桃（左二）及 Daisy 戴（右二）分享音樂會的意義。

So Me Show 音樂會邀請到女團 Collar 作嘉賓。

博愛醫院董事局第四副主席暨籌募及推廣委員會主席曹思豪，分享此次博愛醫院在 2023 年 11 月 18-19 日於西九文化區舉辦的音樂會，是為了給青少年發展基金籌款，説明青少年在音樂、藝術領域的發展。此次音樂會響應政府「夜繽紛」活動號召，帶動疫情後社會氛圍及香港經濟。

博愛醫院致力推動青少年發展

冀帶動疫情後社會氛圍

參與了此次的創作歌手黃曦桃表示，她的理念是透過音樂與人建立更多連結，平時亦積極關心青少年和老年人議題，因此受到音樂會的邀請令她感到十分激動。音樂會主持人 Daisy 戴認為這是一次放鬆身心的好機會，與坐著欣賞的傳統演唱會不同，此次音樂會讓觀眾在草地上跟著表演者一起唱跳，大大增強觀眾的投入感。

除了青年服務，博愛醫院還著力於地區健康服務、教育服務、長者服務，以及配合政府的簡約公屋政策提供相應過渡性房屋服務，主要在九龍東區，服務從元朗而來的公屋住戶。曹思豪表示，希望能讓更多香港年青人受益，且能夠在將來回饋社會，以成為香港的前三大善團為最終目標而出發。

培育青少年音樂才能

　　黃曦桃表示最欣賞博愛醫院的便是不吝於培養香港青少年的音樂才能，讓基層青少年也能得到學習音樂的機會，發掘自身音樂天賦。

So Me Show 音樂會圓滿落幕。

　　主持人李尚仁博士提到香港文化仍具一定影響力，比如許多內地人即使聽不懂粵語也熱愛粵語歌，香港政府也正大力發展香港的文化優勢，以香港獨特的中西合璧文化吸引更多遊客和人才。曹主席對此表示博愛將會提供更多資源在青年人群以及文化產業，致力將香港再次打造為「亞洲好萊塢」。

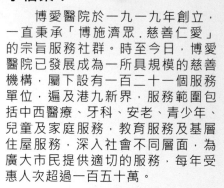

小檔案：

　　博愛醫院於一九一九年創立，一直秉承「博施濟眾．慈善仁愛」的宗旨服務社群。時至今日，博愛醫院已發展成為一所具規模的慈善機構，屬下設有一百二十一個服務單位，遍及港九新界，服務範圍包括中西醫療、牙科、安老、青少年、兒童及家庭服務，教育服務及基層住屋服務，深入社會不同層面，為廣大市民提供適切的服務，每年受惠人次超過一百五十萬。

第三十三篇

分享報稅需知及用錢哲學

在新城電台節目《經濟午餐》中，節目主持李尚仁博士和何民傑博士請來資深會計師陳輝桐、富衛財富管理顧問黃錦棠做嘉賓，與大家分享報稅需知。

資深會計師陳輝桐自小喜歡數字，小時候受家人啟發，花錢的時候都會記下金額，到大學便順理成章地選擇了會計的科目，後來畢業工作三年後便開展創業的生涯。他坦言對稅務

資深會計師
陳輝桐

富衛財富管理顧問
黃錦棠

陳輝桐（右二）及黃錦棠（左二）分享理財哲學。

陳輝桐出席粵灣雲谷商業加速器中心成立日。

非常感興趣，而香港稅務的系統雖然相對簡單又低稅率，但正因為如此，納稅人容易踩入陷阱，於是決定出版不同書籍，例如《稅務藏寶圖》、《保險藏寶圖》，教導市民大眾香港的稅務條例、稅務陷阱以及財富規劃等等。

出書拆解稅務陷阱

　　富衛財富管理顧問黃錦棠於 2019 加入富衛保險，他說加入的原因是發現家人和朋友都開始對理財產品有所需要，當中例如扣稅保險等等都與市民大眾息息相關，他在節目中解釋了什麼是年金扣稅、上限及如何計算等等。另外他亦提醒並非任何年金計劃都可用作扣稅，必需符合保監局發出指引的合資格延期年金計劃中，有關保費才能扣稅，這些計劃條件包括最低保費總額為 18 萬港元、供款期最少 5 年，以及年金領取期最短為 10 年等。

理性支出避免揮霍

　　嘉賓亦提到用錢的哲學和財務智商，「財務智商」指處理金錢的綜合能力，包括儲蓄、投資、消費等各個方面，它直接影響著未來的生活品質，決定人們是否能快速致富。嘉賓們均表示除了開源之外，還要節流，需要分清楚想要和需要的東西，不可隨便揮霍金錢，理性的支出也是決定財富的主要原因，控制支出將賺到的錢有效的保留。此外，他們亦提到適當地選擇投資產品亦為非常重要一環，提高財務智商才能更有效達到財務自由。

黃錦棠表示，扣稅保險等等都與市民大眾息息相關。

最佳營業員 (保單數量) - **第七名**
ent of the Year (Case) - **6th Runner Up**

全年最佳營業員 (保單數量) - **第四名**
Agent of the Year (Case) - **3rd Runner Up**

馬拉松會
Marathon Clu

馬拉松會
Marathon Club

黃錦棠 (左二) 曾獲全年最高保單數量第 7 名。

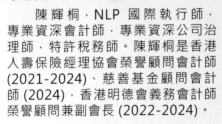

小檔案：

　　陳輝桐，NLP 國際執行師，專業資深會計師，專業資深公司治理師，特許稅務師。陳輝桐是香港人壽保險經理協會榮譽顧問會計師 (2021-2024)、慈善基金顧問會計師 (2024)，香港明德會義務會計師榮譽顧問兼副會長 (2022-2024)。

　　黃錦棠為富衛財富管理顧問，2019 年加入公司，曾獲全年最高保單數量第 7 名。

第三十四篇

分享選舉深刻感受及體驗

　　新城電台節目《經濟午餐》中，節目主持李尚仁博士及羅港俊請來香港明德會傑出大學生選舉三名得獎者王澤霖、陳永泰、吳偉鵬與聽眾分享參加選舉的深刻感受及得著。

香港明德會傑出大學生選舉得獎者

王澤霖（左二）、陳永泰（中）及吳偉鵬（右二）在節目中分享參選傑出大學生選舉感受。

主持李尚仁博士（左一）與羅港俊（右一）與三名得獎同學合照。

　　節目開始，同學們分享參加選舉時的目的。就讀香港大學文學士的陳永泰同學表示，因自身性格內向，希望透過這機會磨練自己的表達技巧，例如與評審彙報技巧、與參加者互動交流的技能。而就讀香港大學社會工作學學士的王澤霖同學則表示，平日有做義工的習慣，而週末的時間較空閒，因此希望參加比賽結識新朋友。

香港明德會定期籌辦義務服務給各大學生參與

　　三位同學們在選舉時參與各類型活動，他們亦向聽眾分享在各方面的深刻得著。就讀香港城市大學社會科學學士（社會工作）的吳偉鵬同學表示，參與情緒管理工作坊獲益不少，工作坊請來情緒管理的專家教導他們如何善用社交媒體。吳偉鵬同學表示，他們應該為自己訂下用社交媒體的時間，不要被社交媒體主導自己生活。

香港明德會傑出大學生選舉頒獎禮盛況。

　　而王澤霖同學又分享參加環保議題的活動，例如有工作坊介紹很多前線的環保經驗，分享在實務上如何做分揀、運用最新儀器的紅外光為塑膠進行分類，教導一般大眾可以怎樣分類塑膠種類，可為實用的環保資訊。陳永泰同學則對創業工作坊有深刻體驗，當時李尚仁博士是工作坊的分享嘉賓，向同學們分享了成功的創業故事，極具感染力。讓陳同學深深明白，成功必備的條件除了裝備技巧外，出發的動機及滿懷熱誠亦十分重要。

齊分享「明德精神」

　　三名同學亦向聽眾分享何為「明德精神」，吳偉鵬同學認為，每個人應抱著有服務社會的心，當你裝備自己有不同技能的時候，可以凝聚眾人的力量，回饋社會。他現時就讀社會工作，希望未來幫助受助者，達到改變社會的效果。王澤霖同學則認為，義工服務最能彰顯明德精神，不一定是成為偉大的

慈善家及捐贈鉅款。人們只需在自己能力範圍上幫助別人，已是明德精神。最後，陳永泰則分享，明德精神是能夠做到推己及人。他作為一位有特殊教育需要（SEN）的學生，他在學習上面對困難時會嘗試解決，他希望透過自己故事分享給其他有類似經歷的學生。因此，他現時會為特殊教育需要的學生進行義教，推己及人。

節目最後，同學們勝出選舉之外，亦會加入傑出大學生委員會。他們會共同籌備義工服務團，在節目中向聽眾分享籌備進展。吳同學表示，現時與幾個幹事正討論未來的海外義工服務團，希望到泰國偏遠山村探訪學童，或到新加坡關心無家可歸的露宿者。李尚仁博士又分享，他是公屋長大。如果年輕人有機會到海外體驗及旅遊，定能了解自身於社會階層向上游時，所需裝備的技能，例如生涯規劃、溝通技巧、時間管理及財富管理等等。

冀能推廣精神健康

另外。現時學童情緒健康問題備受關注，李尚仁博士希望未來的工作坊可以多專注他們的精神健康，更貼近社會年青人的需要。陳永泰同學則希望，他們籌備活動可以帶給下一年參加者深刻的體驗，又建議他們要享受選舉過程，重要的是結識一班志同道合的朋友。

大會邀請到前教育局局長吳克儉作為頒獎嘉賓。

得獎學生在典禮上合照。

小檔案

　　香港明德會籌辦的「2023香港傑出大學生選舉」共收到逾200份申請，會方根據學生個人學術成績與獎項、社會服務、活動參與程度，初步選出20名入圍決選之大學生。獲選學生背景各有不同，他們都在不同領域中積極參與社會服務，以自身所長貢獻社會。經過評審們的慎審挑選及商議，在面試遴選後最終定出最後十位得獎傑出大學生及十位優秀大學生。入圍決選的學生得到香港明德會頒發的證書及推薦信，而十位傑出大學生每人更獲頒港幣一萬元正獎金。是次「十大傑出大學生」的得獎者（排名不分先後）分別為來自香港教育大學的陳芷瑩、何迦希、香港科技大學的王展鵬；來自香港大學的陳永泰、王澤霖、孫葦芝、林卓妍、王家霖；來自香港中文大學的朱銘江；以及來自香港浸會大學的陳柳伊。

第三十五篇

分享區議會選舉感受及期望

在新城電台節目《經濟午餐》中，節目主持李尚仁博士及何民傑博士請來黃大仙區議員楊諾軒與聽眾分享參加區議會選舉的深刻感受及期望。

黃大仙區議員
楊諾軒

楊諾軒

楊諾軒（中）在節目中分享地區工作的苦與樂。

楊諾軒的參選獲立法會議員林哲玄醫生支持。

節目開始，楊諾軒分享當初參選原因。他從 2017 年便開始地區工作，最深刻的一次服務是協助一位長者填寫稅單，由於她不諳填寫政府文件，而楊諾軒作為一位註冊會計師，便幫助婆婆完成稅單，因此觸發了他服務社區之心。在此次選舉中，楊諾軒獲得一萬三千多張選票，成為區內唯一一個沒有政黨而勝出的候選人。

感激義工團拉票至午夜

楊諾軒是黃大仙青年社區建設委員會主席，服務核心在九龍東，在黃大仙有長期服務的網路，為參選打穩基礎，獲得眾多街坊支持。楊諾軒在 2019 年亦曾參選區議會，惜未能當選。今次勝出選舉，他很感謝一班助選義工團連月來一直付出，以及街坊們的鼓勵。他希望日後能成為市民和政府之間溝通的橋樑。

楊諾軒對地區每項問題均用心跟進。

完善選舉制度與地區治理後的首場區議會選舉順利舉行，楊諾軒十分滿意今次的投票率，亦認為政府有足夠的宣傳推廣以推動選舉氣氛，例如，紀律部隊、政府人員等均有呼籲市民踴躍投票。在選舉當晚，票站電腦系統出現故障，需改為人手派票，而晚上七點至八點是市民投票的高峰期。楊諾軒當時在竹園票站，看到有市民在票站外排隊，他感謝票站人員行動迅速，例如搬出

椅子予長者休息。他感謝助選團的義工一直為他拉票到午夜。

倡大力推廣地區經濟

最後，孔教學院擬在黃大仙興建首間孔廟，楊諾軒認為當區極具文化宗教特色，應大力推行地區經濟。本港文化旅遊需求很大，亦能藉此向市民和遊客推廣中華文化。李尚仁博士亦指出，內地旅客過往來港主要購物，但疫後開始改變，對文化的深度遊更感興趣，他贊成建孔廟的建議，既可促進地區經濟，亦可成為一個吸引旅客的文化景點。

另外，楊諾軒亦十分關注醫療議題。現時政府在 18 區推行地區康健中心，但有市民反映中心醫療服務不足。他亦希望未來作為區議員，加強與政府的溝通，用心服務市民。

楊諾軒經常落區收集民意。

小檔案

楊諾軒，黃大仙西選區區議會地方選區議員，香港青年協進會第十四屆理事會主席。楊諾軒同時為會計師及物業管理公司顧問。

第三十六篇

沙田區文化遊的潛力

　　在新城電台節目《經濟午餐》中，節目主持李尚仁博士及何民傑博士請來沙田區議員鄧肇峰，向聽眾分享區議會選舉特別經歷及對當區未來的期望，同時剖析沙田區發展文化遊的潛力。

沙田區議員
鄧肇峰

鄧肇峰

鄧肇峰 (中) 接受主持訪問。

鄧肇峰(右)認真聆聽街坊意見。

節目開始，鄧肇峰分享當初參選原因。作為一位金融從業員兼測量師，他從小在沙田長大，亦投放不少工餘時間於公益服務。他在 2018 年間正式開展地區工作，有五年以上在沙田區服務的經驗。這令鄧肇峰累積了不少沙田居民的支持，結果取得過萬張的票數，成績讓他喜出望外。

推動沙田親水文化

鄧肇峰向聽眾分享上任後的期望。城門河是沙田的著名景點，過往城門河舉辦龍舟競逐、上演無人機及煙火光影匯演。他希望未來繼續發揮城門河的特色，推動親水文化的發展。另外，他認為沙田擁有強大的文化底蘊，歷史背景深厚，因此推動沙田文化可說是極具發展潛力。例如，沙田有許多客家村的居民居住，能推動更多文化旅遊。既能銷售產品、提升經濟效益，又能提高文化自信，目標為當區居民提供可持續發展的就業機會及前景。此外，火炭及大圍是沙田的主要工業區，現時有不少提倡活化工業區的議題，他認為工業區有發展文創基地的空間，給予當區居民及年輕人創業機會。李尚仁博士認同沙田區有獨特優勢，可多加發展，帶動地區經濟，創造更多就業機會。

提供上門送藥支援

在過往服務地區時有不少難忘回憶，其中在 2022 年第五波疫情期間，有不少人留在家中，他們未必與家人同住，又未能及時取得網上資訊。因此，當時鄧肇峰為他們提供上門送藥支援，同時亦提供食物及日用品的送遞服務。他形容服務就如同鄰居之間守望互助，有不少受他幫助的人在疫情後主動成為義工，發揮鄰舍互助的精神。

節目最後，他期望未來應聆聽更多沙田居民的看法，亦讓他們理解政府推動方案之優劣，將市民聲音帶到議會上，為政府整合建設性方案。

鄧肇峰探訪長者，了解他們需要。　鄧肇峰認真跟進每項地區問題。

小檔案

鄧肇峰，沙田西選區區議會地方選區議員，交通運輸委員會副主席，地區設施及工程委員會、社區參與及文化康樂委員會委員，提振地區經濟專責工作小組成員。鄧肇峰同時為金融分析師及估值測量師。

第三十七篇

為本港交通難題打脈

在新城電台節目《經濟午餐》中，節目主持李尚仁博士及何民傑博士請來立法會議員張欣宇，向聽眾分享現時本港的交通政策。

立法會議員
張欣宇

張欣宇

張欣宇向聽眾分享本港的交通政策。

張欣宇(左二)關注港鐵發展。

　　節目開始，立法會議員張欣宇分享自己一直對大型基建深感興趣，在修讀土木工程時已在港鐵公司進行實習，畢業後亦踏入港鐵公司成為工程師。他憶起，當時主要在港鐵地盤工作為主，甚少坐在辦公室。因此，他形容每天工作相當刺激，無論是對人或對事都很有挑戰性。當時他負責南港島線及沙中線的工程項目，工作地方不算偏遠，惟工作環境比起辦公室較辛苦。

張欣宇不時就交通發展向政府提意見。

張欣宇曾在港鐵工作，更了解當中問題。

政府宜審視程序

其後，張欣宇踏上從政之路，成為立法會議員。他更是鐵路事宜小組委員會副主席，跟進整體鐵路的規劃。現時內地的基建水準緊追香港，純粹以興建基建水準，本港的基建比起全世界來說仍是一流，但已算不上頂尖。由於仍存在不少技術原因令成本增加，例如，環保及減少居民滋擾的問題，這些因素的監察較為謹慎，亦是成本的一部分。另一方面，工作程序的繁複亦導致成本增加。他指，一幅圖則獲批需時幾個月時間，即使有少量地方需要批改，亦要經過重重關卡，相當費時。

張欣宇舉港鐵工程為例子，首先，假設承辦商在地盤中遇到問題需要修改設計，承辦商需尋找設計師及工程師草擬新設計，提交給港鐵去審視。而港鐵亦會找顧問協助檢視設計，然後再向政府提交。這樣子起碼要檢視五次，而當中亦有不少重複而未有必要的意見存在。這些都會反映在工程造價，因此政府需要為此重新審視及作出適當檢討。

港鐵設備難敵老化

近年，港鐵出現不少事故。張欣宇表示，每一個事故可以宏觀地檢視背後原因。他認為最關鍵的原因是，地下鐵系統於 1978 年開通至今，已經達四十五年。當中有許多機械設備和電子設備已使用高達三十至四十年，逐步進入老化階段。因此，港鐵需要投放更多資源作維修之用，而近年正是港鐵財政收縮期，更開始減少人手及資源的投放。

　　節目最後，張欣宇分享從政的心得及經驗。由於他過往主要做鐵路興建，著重審視問題的深度，亦是專業範疇。反而在立法會工作則著重闊度，始終關注社會上的議題，要兼顧多角度的重要性。只要運用同理心及邏輯亦不難理解。最後，他希望未來繼續配合政府重新檢視工程體系，提升本港鐵路的競爭力。

張欣宇希望未來繼續配合政府重新檢視工程體系，提升本港鐵路的競爭力。

小檔案

　　張欣宇，上海出生，深圳長大，之後赴港，入讀香港大學工程學院土木工程學系。畢業後加入港鐵工程處工作，任職工程師六年，隨後加入車務部。現為香港立法會議員（新界北），香港新方向工程專業召集人。

第三十八篇

分享集團的工廈活化成效

　　在新城電台節目《經濟午餐》中，節目主持李尚仁博士及何民傑博士請來金寶集團首席營運官游傑智，向聽眾分享工廈活化的成效。

金寶集團首席營運官
游傑智

游傑智(中)接受主持訪問。

項目大堂無縫連接港鐵黃竹坑站行人天橋。

節目開始，游傑智向聽眾介紹現時本港工廠活化的發展。「活化工廠 1.0」是政府自 2010 年起實施，容許舊工業大廈業主，免補地價將整幢工廠改裝活化成其他用途，例如改建為寫字樓、藝術工作室、服務式住宅等。政策主要鼓勵業主不要清拆工業大廈，而是轉換用途，在保持主結構下進行改裝。「活化工廠 1.0」推行至今，收到 226 宗申請，其中 161 宗成功獲批。其後政府重啟「活化工廠 2.0」，推出多項有利改裝或重建工廠的措施。他表示，自 2019 年重啟至今，政府惟收到 15 宗活化工廠申請，現時還未有獲批個案。

工廠活化成不同用途

游傑智向聽眾分享，金寶集團旗下活化成寫字樓及酒店的黃竹坑都會中心活化專案。由兩座相連大廈組成，第一座是精品寫字樓，第二座則是擁有 139 間房間的月租酒店，從而打造嶄新的商住模式。工廠活化後，不但是港島南黃竹坑商貿區，唯一一個全程由有蓋行人天橋直接連接港鐵站的專案，還提供不同服務配套，迎合現今形勢及政府政策的發展，寫字樓提供由一至兩人的會議室到容納百人的演講廳。此外，寫字樓亦設有接待處，提供商務中心及秘書服務，以中央管理的形式運行。

提供優惠吸引海外企業

另外，寫字樓亦會協助租戶辦理商業登記，與兩間會計師樓進行合作協定，代租戶註冊商業位址、提供一般的核數服務。而酒店的房間面積亦相對較大，相比起一般的商務酒店只有一百平方呎，此項目的房間則提升至三百多平方呎起。而且房間設有更多的儲物空間，例如衣櫃、睡床及梳化。最特別的是每一間房間都有茶水間，供租客處理簡單的食物翻熱。店裡更有一間多用途室安排予租客聚會及用膳，容納人數達至三十人。

節目最後，游傑智表示政府現時積極去海外招攬人才及企業，而集團亦樂意提供針對性服務、配合政府政策。集團未來會提供優惠吸引海外人才及企業，以儲好口碑。

金寶集團將工廈活化成寫字樓及酒店。

小檔案

游傑智，金寶集團首席營運官，全國工商聯房地產商會執行委員、政府及研究委員會成員，一直關注活化工廈政策。行政長官於《2018年施政報告》公布政府重啟活化計劃，從而更有效運用現有工廈，善用珍貴的土地資源，並更有效地解決消防安全和違規使用的問題。新一輪活化計劃包括六項主要措施，利便現有工廈進行整幢改裝、重建，以及作非工業用途。

第三十九篇

分享年輕人從政之路

在新城電台節目《經濟午餐》中，節目主持李尚仁博士及何民傑博士請來西貢區議員莊雅婷、中西區議員劉天正，向聽眾分享年輕人從政之路。

中西區議員
劉天正

西貢區議員
莊雅婷

莊雅婷（左二）、劉天正（右二）接受主持訪問。

劉天正 (左一) 於今屆區議會選舉獲勝。

　　節目開始，主持分別介紹兩位嘉賓。西貢區議員莊雅婷為全港最年輕的委任議員，只有 23 歲，並在北京大學修讀「雙學位」。莊雅婷指，今次獲委任深感榮幸。雖然過程頗有壓力，但得到許多前輩指導，盼望未來四年繼續努力。她指中學時在將軍澳讀書，對將軍澳有著密不可分的關係。她觀察到，將軍澳有很多年輕家庭，希望讓他們連繫社區，使將軍澳變得更有活力。而中西區議員劉天正在上屆區議會選舉落選，今屆終勝出。他一直在中西區長大，在香港大學修讀本科，亦在香港大學修讀碩士課程，對中西區很有感情。節目主持李尚仁博士表示，區議會有著代表不同年齡層的議員，很多元化。

劉天正熱愛服務社會。

小檔案

　　劉天正，中西區區議會地方選區議員，地區設施及工程委員會委員，食物環境衞生委員會委員等，所屬政治聯繫為民建聯。

內地升學發展多元化

　　莊雅婷向聽眾分享前往北京大學修讀的原因，她在修讀國際文憑後，希望升讀北京大學。她在內地升學展覽中遞交申請後獲北大收錄，但她家人較希望她在外國升學。節目主持李尚仁博士表示，她這決定十分明智。他鼓勵升學人士可以預視升學地區往後的發展，這能讓他們畢業後獲得更多的機遇。莊雅婷指，北京大學的任教教授是其中編寫「十四五」規劃的委員，所以教授會向同學仔細分析當中的內容。其後，她在讀書期間遇到疫情，休學一年，課堂中不少的理論，更適應用於實習和工作。劉天正指港大讀書時，在現代中國課題的課堂上，內容很著重解釋世界如何看待中國，而內地教授則著重講解中國如何看待自己國家。他則認為，在修讀公共行政、國際關係後從政，有助現時區議員的工作。

莊雅婷於內地升學後，回港發展。

未來專注社交平台傳播

　　莊雅婷指，未來工作會加強社交平台的溝通管道，利用網上平台的有趣手法吸引市民，亦會沿用以往方法解決各種民生問題。劉天正則表示，未來工作會分作兩個部分，首先，如何在地區落實及推廣政府的大政策，例如，垃圾徵費、舊區重建及交椅洲人工島填海擬封閉中西區海濱長廊五年等等。另一方面，繼續地區性的工作，例如環境衛生及交通運輸等等。節目主持李尚仁博士表示，內地的「上情下達，下情上達」做得相當有效，向政府反映市民的意見很重要，提升市民的社區參與，冀本港可以參考。

莊雅婷為今屆最年輕的議員。

小檔案

　　莊雅婷，北京大學政府管理學院及光華管理學院雙學位學士。2023年獲委任為西貢區區議會議員，成為年齡最小的委任議員。

第四十篇

由藥劑師走到傑青之路

　　新城節目《經濟午餐》主持李尚仁博士及何民傑博士請來沙田區議員龐愛蘭，向聽眾分享由一名藥劑師，到走向社區，服務社會，更獲選為香港十大傑出青年的經歷。

沙田區議員
龐愛蘭

龐愛蘭

龐愛蘭 (中) 分享成為傑青的經過。

龐愛蘭（左）成立的「器官捐贈聯盟」，積極推廣器官捐贈。

　　節目開始，主持先介紹嘉賓。沙田區議員龐愛蘭是註冊藥劑師，在加拿大修讀高中課程後，於大學修讀藥劑系，畢業後於加拿大工作一段時間，其後決定回流香港，繼續藥劑師的工作，亦曾在香港執業藥劑師協會擔任會長 8 年。過程中亦參與許多社區服務，例如保安局禁毒教育及宣傳主席、推廣藥劑行業及擔任醫管局董事局成員。她曾在 1998 年獲選為香港十大傑出青年，並於 2010 年度傑出青年協會執行委員會擔任主席。龐愛蘭憶述，同屆獲頒的傑青還有影視紅星黎明及張學友，對此感到非常榮幸，亦推動自己更投入不同的義務工作，服務社會。

龐愛蘭不時接受傳媒訪問，就時政表達意見。

生於沙田 服務沙田

　　龐愛蘭於 2008 年參與區議會選舉，區議員生涯長達 12 年。她表示，當初在沙田區參選是因為自己從小在沙田長大，對沙田有深厚感情，有志服務自己的社區。她在 2023 年決定再次參選，最終成功當選。她在 1 月舉行區議員辦事處開幕禮暨疫苗接種日，早前亦舉辦了剪髮服務、超聲波檢查及量度血

二零二三年六月十九日

重置戒毒村祝福典禮

龐愛蘭積極參與公益活動。

壓活動等等，希望利用自己強大的醫療網路，向居民提供優質的醫療健康服務。李尚仁博士表示，欣賞她親力親為進行地區工作，樂意與居民溝通及接觸，提高居民對區議員的信任度。另外，龐愛蘭盼望未來日子有機會與關愛隊合作，服務社區。

關注學童精神健康

節目最後，龐愛蘭分享作為健康促進校園諮詢委員會主席，對本港學童發展的推廣工作。計劃目標是改善學生的身體、精神和社交健康。希望從學校政策、學校環境、校風與人際關係、家校與社區聯繫、健康生活技能與實踐，協助學校訂立校本健康推廣的發展策略，逐步實現健康校園的目標。李尚仁博士十分關心本港學童身心靈健康的議題，他認為本港學童在學業方面內卷化嚴重，重視成績，而漠視學童成長的童年及心靈健康。龐愛蘭表示，希望未來會在各區推廣學生全人發展，提升學生在各種範疇，如藝術和運動的興趣，鼓勵家長欣賞子女的不同專長。

小檔案

龐愛蘭為澳洲麥考瑞大學碩士，加拿大薩斯喀徹溫大學藥劑科學學士，並曾修讀美國哈佛商學院全球領袖行政課程，歷任香港區議員、醫學及衛生服務界選委、第六及九屆健康城市聯盟國際大會籌委會主席（與世衛合作）等，獲該聯盟頒發健康城市先鋒大獎，另獲香港十大傑出青年榮銜、銅紫荊星章。

第四十一篇

分享本地保險業最新發展

在新城電台節目《經濟午餐》上，節目主持李尚仁博士及何民傑博士請來富衛資深分行經理石詠彤、富衛營業經理周肇忠，向聽眾分享本地保險業最新發展。

富衛保險團隊
石詠彤 周肇忠

石詠彤（右二）及周肇忠（左二）向聽眾分享本地保險業最新發展。

富衛團隊擁有豐富保險知識。

　　富衛資深分行經理石詠彤加入保險業已七至八年，她修讀市場學，未入行前在銀行業工作。她認為銀行業發展空間有限，因此，她加入保險業。而富衛營業經理周肇忠現年28歲，修讀企業管理，他直言受到可觀收入的誘因而加入保險業界。主持人詢問他們第一張保單的經歷。石詠彤表示，第一張保單是親戚投的第一保。她認為這表示了客戶對她的信任，她希望用心為客戶服務。而周肇忠的首張保單則由他上門進行私人補習的家長投保，希望為客戶達成共識基金目標，向子女提供教育。他認為，「熱情」是保險從業人員需擁有的重要元素，直接影響與客戶的關係。李尚仁博士分享，一直觀察著他們倆的成長，以及屢屢打破公司紀錄，認為在對方身上可以用真誠的心待人接物。

石詠彤曾獲全年最佳新晉升經理季軍。

網上推廣拓新客源

　　過去幾年，本港各行各業受到疫情影響，保險業界亦無例外，富衛團隊在節目中分享如何在疫情中轉型。周肇忠表示受到「封關」措施影響，主力負責內地業務團隊的業績有危便有機，周肇忠分享在疫情中亦看到有新機會。首先，港人關心自己及家人的健康問題，而且染上新冠肺炎後會出現「長新冠」

周肇忠坦言，要做一名好的保險經紀需要貼近顧客需要。

症狀，因此，港人會選擇不同的健康保險計劃，保障自己及家人。加上，受疫情影響，港人出行的次數減少。因此，他們有更多的資金去投資各款保險計劃，疫情期間，政府實施社交距離措施，如限聚令及禁堂食等，影響了保險從業人員與客戶的聯繫。因此，他們轉戰網上推廣保險產品，開拓新客源。周肇忠認為管理社交媒體時，與用戶的共鳴感非常重要。石詠彤亦有此同感。她與她的丈夫管理社交媒體時，亦會向用戶分享生活點滴。她亦感激她的丈夫耐心經營社交媒體，成功利用創意吸引新客戶。

周肇忠獲得全年最佳分行經理季軍等獎項。

分享難忘保險經歷

　　石詠彤分享最難忘的顧客之一，她有一位親友患上癌症，年僅三十幾歲。經過她完善安排，以最快的時間安排入院做手術，只用一個月的時間便完成手術及索償保險金。石詠彤認為，保險從業員需自我增值，亦感恩公司會安排課堂給予進修。李尚仁博士認為，該案不僅與客戶建立了信任，亦提升了人們對普遍保險從業人員的滿意程度。周肇忠亦分享了深刻的案例，有位客戶在俄羅斯滑雪時遇到意外，手部受傷，完成手術耗費了二十多萬。周肇忠認為，豐富且專業的保險知識也非常重要，如賠償方案、如何安排入院，關心當地時事及新聞，可以了解整個事件發生，貼合客戶需求。

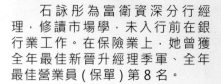

小檔案

　　石詠彤為富衛資深分行經理，修讀市場學，未入行前在銀行業工作。在保險業上，她曾獲全年最佳新晉升經理季軍、全年最佳營業員(保單)第8名。

　　周肇忠為富衛營業經理，曾獲得全年最佳分行經理季軍，以及全年最佳青年經理季軍。

李尚仁博士

李尚仁博士出身於基層家庭，5 歲從內地來港生活。其後考入香港理工大學會計學系，並於畢業前獲得四大會計師事務所錄取通知，卻投身於保險事業。由 1 個人開始，到 2023 年帶領超過 500 人的保險團隊，為香港富衛保險首位首席行政區域總監。

從事保險行業 18 年以來，獲得無數殊榮。除了是 MDRT 會員外，更連續 4 年得到 COT 和 1 年 TOT 的殊榮，更獲香港人壽保險從業員協會（LUA）頒發傑出人壽保險經理大獎（DMA）、香港人壽保險經理協會（GAMA）頒發最高管理成就獎（MAA），是業界中的精英。

2021 年榮獲由香港保險業聯會頒發的香港保險業大獎「年度傑出保險代理 - 年度大獎」，全港唯一表揚其於保險行業的傑出成就，以及多年以客為本的服務態度。2021 及 2022 年更連續 2 年成為全公司 NO.1 保險團隊，橫掃公司 6 大金獎。

憑普通的背景、外表、學歷，帶領團隊屢創佳績，就是因為他一直秉持「真誠、樂觀、勇於嘗試、勇於面對」四大精神，協助客戶得到更美好、豐盛的人生。

2023 年，先後於 6 月獲得彭博商業周刊金融機構大獎 2023「年度區域成就（代理團隊）- 傑出獎項」，2023 年 9 月獲得由特首李家超先生同場頒發的「粵港澳大灣區傑出青年企業家獎項」。

此外，李尚仁博士也一直持續進修，於 2016 年完成了北京師範大學的博士，並於 2021 年投身社區服務，創立慈善機構 - 香港明德會，籌辦 2 年「傑出大學生選舉」，當中舉辦的多個工作坊及義務工作，拉動新一代年青人服務社會，致力推動年青人積極向上的文化和服務社會。

何民傑博士

何民傑於香港土生土長，先後獲取北京大學中國法律學士學位，香港中文大學哲學文學碩士，香港教育大學教育學碩士，澳門城市大學教育學博士，並於 2011 年獲中國宋慶齡基金會頒發彩虹生命教育獎，表揚其研究道家思想應用在現代人的生命困頓。何並分別於 2021 年及 2023 年獲《亞洲周刊》頒發第六屆全球傑出青年領袖獎項，以及大灣區優秀企業家大獎。

何民傑同時熱心社區服務，曾出任西貢區議員長達 16 載。何民傑於 2019 年創立公關公司 HideOut，為多間跨國公司提供專業公共政策意見。何民傑於 2021 年起為新城電台晨早時政皇牌節目《財知大道》外，亦為《經濟午餐》、《孔教儒家十德》、《人生字典》等節目主持人。何並為新城《學無止境》、《星級品牌文化》、《香港有偈傾》、《主播會客室》、《慈善一點通》等多個節目擔任監制。

何民傑熱心推動香港固有的自由經濟。於 2007 年創立 107 動力，並擔任召集人，該會以基本法 107 條為宗旨，倡議減少稅金、簡政便民和減少浪費，是香港首個成為國際納稅人協會地區分會的組織，曾被邀請到澳洲悉尼、烏克蘭基輔、加拿大溫哥華、英國倫敦、德國柏林、泰國曼谷、捷克布拉格就公共財政等議題發表演說。

作　　　者	|	李尚仁博士 何民傑博士
書　　　名	|	經濟午餐 2.0
出　　　版	|	超媒體出版有限公司
地　　　址	|	荃灣柴灣角街 34-36 號萬達來工業中心 21 樓 02 室
出版計劃查詢	|	(852) 3596 4296
電　　　郵	|	info@easy-publish.org
網　　　址	|	http://www.easy-publish.org
香 港 總 經 銷	|	聯合新零售 (香港) 有限公司
出 版 日 期	|	2024 年 6 月
圖 書 分 類	|	流行讀物
國 際 書 號	|	978-988-8839-88-9
定　　　價	|	HK$88

Printed and Published in Hong Kong